机械设计基础课程
设计创新及实践

李慧娟　许利君　李路可　著

哈尔滨出版社

HARBIN PUBLISHING HOUSE

图书在版编目（CIP）数据

机械设计基础课程设计创新及实践 / 李慧娟，许利
君，李路可著. -- 哈尔滨：哈尔滨出版社，2024. 7.
ISBN 978-7-5484-8077-8

Ⅰ. TH122-41

中国国家版本馆CIP数据核字第2024YA5973号

书　　名：机械设计基础课程设计创新及实践
JIXIE SHEJI JICHU KECHENG SHEJI CHUANGXIN JI SHIJIAN

作　　者：李慧娟　许利君　李路可　著
责任编辑：韩伟锋
封面设计：蓝博设计

出版发行：哈尔滨出版社（Harbin Publishing House）
社　　址：哈尔滨市香坊区泰山路82-9号　　邮编：150090
经　　销：全国新华书店
印　　刷：永清县晔盛亚胶印有限公司
网　　址：www.hrbcbs.com
E-mail：hrbcbs@yeah.net
编辑版权热线：（0451）87900271　87900272
销售热线：（0451）87900201　87900203

开　　本：710mm×1000mm　1/16　印张：11.75　字数：210千字
版　　次：2025年1月第1版
印　　次：2025年1月第1次印刷
书　　号：ISBN 978-7-5484-8077-8
定　　价：78.00元

凡购本社图书发现印装错误，请与本社印制部联系调换。
服务热线：（0451）87900279

前 言
Preface

　　《机械设计基础课程设计创新及实践》是一门旨在为学生提供全面机械设计基础知识的课程。在这个快速发展的科技时代，机械设计作为工程领域的基石，其重要性日益凸显。本课程以培养学生的创新思维和实践能力为核心目标，力求将理论知识与实际应用相结合，为学生提供一个全面、系统的学习平台。

　　机械设计并非孤立存在，而是与工程实践息息相关。因此，本课程注重将机械设计与实际工程项目相结合，通过案例分析和实践设计，引导学生将所学知识应用于解决实际问题。同时，我们也强调了创新思维的培养，鼓励学生挑战传统观念，勇于探索新领域，在设计过程中提出具有创新性的解决方案。

　　本课程的设计遵循了一种系统性和渐进式的学习路径。从机械设计的基础知识出发，逐步深入到动力学分析、制造技术、液压技术、数控技术等领域，帮助学生建立起全面的机械设计知识体系。每个章节都涵盖了相关的理论知识和实践技能，旨在为学生提供多方位的学习支持。

　　本课程还强调了优化与性能评估的重要性。在实际工程中，设计的优化和性能评估直接影响着产品的质量和竞争力。因此，我们特别设置了相关章节，介绍了优化方法、性能评估指标等内容，帮助学生提升设计效率和成果质量。

　　最后，本课程的目标不仅是为学生打下坚实的机械设计基础，更是希望通过培养他们的创新和实践能力，使他们能够在未来的工程实践中脱颖而出，为社会发展做出积极的贡献。希望本课程能够成为学生探索机械设计领域的起点，激发他们对工程科学的热情和探索精神。

目 录
Contents

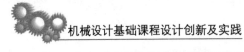

第一章 导论

第一节 本课研究背景与意义

一、研究背景

（一）工程技术的发展

随着科学技术的持续进步，工程技术领域正处于快速发展的时代。在这个时代背景下，对机械设计基础课程的创新及实践进行深入研究显得尤为重要。工程技术作为推动社会进步和经济发展的重要驱动力，日益受到各行各业的关注与需求。而机械设计作为工程技术的核心领域之一，承载着设计、制造和改进各类机械设备的重要任务。从传统的机械制造到现代高科技领域的机械装备，机械设计的应用范围愈发广泛，其在工程技术中的地位和作用日益凸显。

机械设计基础课程作为培养工程技术人才的重要环节，其意义不言而喻。通过系统的学习，学生可以掌握机械设计的基本理论知识和技术方法，为日后的工程实践打下坚实的基础。而在课程中，创新思维和实践能力的培养显得尤为重要。传统的课堂教学往往局限于理论知识的传授，而忽略了学生对于实际工程项目的需求。因此，深入研究机械设计基础课程的创新与实践，不仅可以优化教学内容和方法，更能够更好地满足社会对于工程技术人才的需求。另一方面，教育体系的改革也对机械设计基础课程提出了更高的要求。教育的目标不仅仅是传授知识，更重要的是培养学生的创新能力和实践能力。工程技术领域需要的不仅是具有扎实理论基础的专业人才，更需要具备创新精神和实践能力的工程师。因此，通过对课程设计的创新与实践进行深入研究，可以更好地满足教育改革的需求，为培养高素质工程技术人才奠定更加坚实的基础。

（二）教育体系的改革

教育体系的改革是当今社会发展的必然趋势之一，其核心目标之一是培养学

1

生的创新能力和实践能力。随着社会经济的快速发展和科技的持续进步,传统的教育模式已经无法完全满足社会的需求,教育体系需要不断调整和改革以适应时代的发展。在这一背景下,机械设计基础课程作为培养工程技术人才的重要环节,承担着重要使命。

机械设计基础课程的改革与创新对于实现教育体系的改革目标具有重要意义。一是,机械设计基础课程是工程技术人才培养的基础,学生在这门课程中接触到的知识和技能将为其未来的学习和工作奠定坚实的基础。因此,通过对课程设计的创新与实践研究,可以更好地培养学生的创新意识和实践能力,使其在未来的工作中能够更好地适应社会的发展需求。二是,教育体系的改革要求课程内容与社会需求相匹配,注重学生的综合素养和实际能力的培养。传统的机械设计基础课程往往过分注重理论知识的灌输,而忽视了学生的实际动手能力和创新思维。因此,通过对课程设计的创新与实践研究,可以使课程内容更加贴近实际工程项目,注重学生的实践能力和创新能力的培养,从而更好地满足教育体系的改革需求。三是,教育体系的改革要求注重学生的个性发展和多元化培养。每个学生都具有独特的兴趣爱好和潜能,传统的教育模式往往忽视了学生个性的发展。因此,通过对课程设计的创新与实践研究,可以设计出更加灵活多样的教学方法和评价体系,满足不同学生的学习需求,促进学生个性发展和全面成长。

二、研究意义

(一)提升教学质量

提升教学质量是教育领域中的永恒课题,而机械设计基础课程的创新研究对于这一目标具有重要意义。一是,在课程设置方面,优化知识体系的梳理是关键之一。通过精心设计课程结构和内容,将机械设计领域的基本理论和方法有机地串联起来,形成一个完整而严谨的知识体系。这样的设置能够帮助学生更好地理解机械设计的核心概念和原理,从而为他们未来的学习和实践奠定坚实基础。二是,针对不同类型的学生采用多样化的教学方法也是提升教学质量的重要策略。在传授基础知识的同时,引入案例教学、项目实践等实践性教学方法,能够使学生在实际操作中深入理解理论知识,并培养其解决问题的能力和创新意识。这种针对性的教学方法能够更好地激发学生的学习兴趣,提高他们的学习积极性,从而有效提升教学效果。三是,借助现代教育技术和在线教育平台也为提升教学质量提供了新的可能性。通过运用多媒体教学、虚拟实验室等先进技术,可以使教学内容更加生动直观,激发学生的学习兴趣,提高他们的学习效率。同时,利用在线教育平台提供的资源和工具，可以拓展教学资源，丰富教学内容，为学生提供更加灵活和便捷的学习方式，满足不同学生的学习需求。

（二）培养工程人才

培养工程人才是当今社会教育的重要使命之一，而机械设计基础课程的研究与实践在此过程中扮演着关键的角色。创新思维和实践能力被认为是当代工程人才所必备的素质，而这些素质的培养正是机械设计基础课程的重要目标之一。一是，课程设计的创新能够为学生引入具有前瞻性和实用性的教学内容，激发他们的创新意识和探索精神。通过引入最新的技术进展和工程实践案例，学生能够了解到工程领域的最新动态，培养对问题的发现和解决的敏感度，从而为其未来的工程实践打下坚实基础。二是，实践环节的设置是培养学生实践能力的重要途径。通过设计项目、实验操作等实践活动，学生将所学的理论知识应用到实际问题的解决中，锻炼其问题分析和解决的能力。在实践过程中，学生需要通过动手操作和实际实验来验证和应用所学的知识，这有助于加深他们对知识的理解和掌握，培养其工程实践中的创新意识和实践能力。三是，与企业的合作也是培养工程人才的有效途径之一。通过与企业合作或开展校企合作项目，学生可以更加深入地了解工程实践中的需求和挑战，接触到真实的工程项目和工作环境，从而更好地了解自己的职业发展方向和未来发展路径。与企业的合作还可以为学生提供实习和就业的机会，为其未来的职业发展做好充分准备。

第二节　研究目的与问题

一、研究目的

（一）提出创新性教学模式

研究机械设计基础课程的创新及实践是为了探索并提出一种创新性教学模式，旨在适应时代发展需求和符合教育改革要求，从而促进学生的全面发展。这一教学模式的构建涉及课程内容、教学方法和评价体系等方面的创新，旨在更好地满足学生的学习需求和社会的发展需求，进而提高教学质量和学生的综合素养。一是，创新性教学模式的构建需要关注课程内容的更新和优化。随着科技的不断发展和工程领域的变革，机械设计基础课程需要及时调整其内容，引入最新的理论研究成果和实践案例，以使课程内容更贴近工程实践和行业需求。同时，还需要考虑如何将跨学科的知识和技能融入到课程中，培养学生的综合素养和创新能力。二是，创新性教学模式需要探索多样化的教学方法。传统的课堂教学方式可能已经无法满足学生的学习需求，因此需要引入更多的实践性教学活动和互动式教学方法。例如可以采用案例教学、项目驱动学习、小组讨论等方式，激发学生的学习兴趣，提高他们的学习主动性和参与度。同时，还可以利用现代教育技术和在线教育平台，为学生提供更加灵活和便捷的学习方式。三是，创新性教学模式的建立还需要建立科学合理的评价体系。评价不仅仅是对学生学习成果的检验，更是对教学质量的反馈和改进。因此，需要建立多维度、多层次的评价体系，包括学生的知识掌握程度、实践能力、创新能力等方面的评价指标，以全面地了解学生的学习状况和教学效果，并及时调整教学策略和方法，不断提升教学质量。

（二）探索有效教学方法

探索适合机械设计基础课程的有效教学方法是为了确保学生在课堂上能够更好地理解理论知识、掌握实践技能，并能够将所学知识应用于实际工程项目中。这一目的的实现旨在通过创新的教学方法，提高教学效果，激发学生学习的兴趣和主动性，培养他们的创新思维和实践能力，以便更好地适应未来工程领域的需求。一是，采用案例教学是一种有效的教学方法。通过真实的案例故事或工程项目，引导学生探讨和分析问题，从而加深他们对理论知识的理解和应用能力。通过案例教学，学生可以更直观地理解抽象的理论知识，并学会将理论知识应用到实践中去。二是，项目驱动学习也是一种值得探索的教学方法。通过设计具体的项目任务或工程项目，让学生在实践中探索和学习。项目驱动学习可以激发学生的学习兴趣和动力，培养他们解决实际问题的能力，并促进团队合作和沟通能力的培养。三是，实验教学也是机械设计基础课程中重要的教学方法之一。通过设计丰富多样的实验操作，让学生亲自动手进行操作和实践，从而加深对理论知识的理解和记忆，培养他们的实践技能和操作能力。实验教学不仅可以提高学生的实践能力，还可以培养他们的问题解决能力和创新思维。四是，互动式教学也是一种有效的教学方法。通过课堂讨论、小组活动、学生演示等方式，促进师生之间的互动和交流，激发学生的思维，提高他们的学习积极性和参与度。互动式教学可以使学生更加主动地参与到教学过程中，从而更好地掌握所学知识和技能。

二、研究问题

（一）如何设计符合时代潮流的机械设计基础课程？

这个问题涉及到课程设置、内容更新、教学方法等方面。需要考虑如何结合当前科技发展趋势和工程实践需求，更新课程内容，设计出具有前瞻性和实用性的机械设计基础课程，以更好地满足时代发展的需求。

（二）如何有效提升学生的创新思维和实践能力？

这个问题是针对教学方法和教学环境的优化。需要探讨如何设计激发学生创新思维的教学活动，如何提供更多的实践机会，如何培养学生解决问题的能力，以及如何评价和促进学生的创新能力和实践能力的发展。

（三）如何构建与实际工程项目结合紧密的教学模式？

这个问题关乎课程与实践的结合。需要思考如何将课堂学习与实际工程项目结合起来，通过项目案例、实践操作等方式，使学生能够更深入地理解所学知识，提高其实践能力和工程应用能力。

（四）如何评价和优化机械设计基础课程的教学效果？

这个问题是关于评价体系和课程质量的提升。需要建立科学合理的评价体系，从不同维度对课程的教学效果进行评估，包括学生学习情况、实践能力、创新能力等方面，通过评价结果发现问题、优化课程，不断提高教学质量。

第三节 研究方法和数据来源

一、研究方法

（一）文献综述法

文献综述法是研究机械设计基础课程的常用方法之一。通过对相关学术文献、教材以及课程教学大纲的综合分析，可以全面了解当前机械设计基础课程的教学现状和存在的问题，为课程设计提供理论依据。首先，研究者可以查阅国内外的学术期刊、会议论文、专业书籍等文献资料，了解机械设计基础课程的发展历程、教学内容、教学方法等方面的研究成果和理论观点。其次，还可以对各高校的课程教学大纲进行比较和分析，从中发现不同学校的教学特点和问题所在。通过文献综述，研究者可以系统地总结前人的研究成果，找出研究的空白和不足之处，并为后续的研究提供理论支持和指导。

（二）实地调研法

实地调研法是研究机械设计基础课程的另一种重要方法。通过实地走访高校、企业等机构，了解其机械设计基础课程的教学实践情况，收集各方面的经验和建

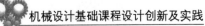

议，为课程改革提供参考。在实地调研中，研究者可以与教师、学生和企业相关人员进行面对面的交流和访谈，了解他们对机械设计基础课程的看法、评价和建议。同时，还可以观察课堂教学和实验操作，了解教学方法、教学资源的利用情况以及学生的学习状态等方面的情况。通过实地调研，研究者可以深入了解机械设计基础课程的实际情况，发现存在的问题和改进的空间，并根据调研结果提出相应的改进措施和建议。

二、研究数据来源

（一）学生调查问卷

学生调查问卷是获取机械设计基础课程相关数据的重要来源之一。通过设计问卷调查，可以了解学生对机械设计基础课程的认知情况、学习需求以及对课程的反馈意见。问卷内容可以涵盖课程内容的难易程度、教学方法的有效性、学习资源的利用情况等方面。通过分析学生的回答，可以了解他们的学习状态和需求，为课程设计提供依据。此外，学生调查问卷还可以定期进行，以跟踪学生的学习情况和课程满意度的变化，为课程改进和优化提供参考。

（二）教师访谈

教师访谈是获取机械设计基础课程相关数据的另一个重要途径。通过与从事机械设计教学的专业教师进行深入交流，可以了解他们对课程教学方法和内容设置的看法和建议。教师访谈可以涵盖教学目标的设定、教学方法的选择、课程内容的更新等方面。通过与教师的交流，可以获取到丰富的教学经验和教学理念，为课程改革提供指导和建议。同时，教师访谈还可以帮助研究者深入了解教师对课程改革的期待和需求，促进师生之间的沟通和合作。

（三）课程实践案例

课程实践案例是了解机械设计基础课程的实际情况和经验的重要来源之一。通过收集和分析机械设计基础课程的实践案例，可以总结成功的教学经验和教训，为课程设计提供借鉴和启示。实践案例可以涵盖课程设计、教学方法、学生作品展示等方面。通过分析实践案例，可以发现课程设计中存在的问题和不足之处，并探索相应的改进措施和方法。同时，成功的实践案例也可以为其他学校和教师提供经验分享和借鉴参考，促进课程教学的持续改进和提高。

第二章　机械设计基础知识回顾

第一节　机械设计的基础

一、机械原理学科

（一）新定义的概念

1. 机构和机器的概念区分

机构和机器分别为执行机械运动的理论模型和可动装置，也可以说机构是机器的理论模型。构体（body）是构件的理论模型。在平面机构当中，根据转动副的个数，构体可分为杆（rod）、块（block）和板（board）。有两个或两个以上转动副的体定义为杆，如曲柄、摇杆、连杆和多副杆。只有一个转动副的体定义为块，如以转动副与动体相连接的浮块、以转动副与定体相连接的摇块（swing-block）和以移动副与定体相连接的滑块。原来的导杆属于摇块。画成线状称为杆、画成块状称为块，是不科学的。没有转动副的体定义为板，如与定体相连接的滑板和不与定体相连接的浮板。

2. 运动副的分类

运动副根据所引起的约束数进行分类。在平面当中，一个体有 3 个自由（freedom），其中 2 个移动、1 个转动。如果以转动副与其他体相连接，则该体失去两个自由，即引入两个约束（constraint）。如果是移动副，也相当于引入两个约束。因此，转动副和移动副属于二约束副（biconstraint pair）。纯滚动副也属于二约束副。如果以滚滑副与其他体相连接，则该体失去一个自由，即引入一个约束。因此，滚滑副属于一约束副（monoconstraint pair）。构成一约束副需要两个构件点线接触且相对滑动两个条件。

3. 移动副体的导路

有移动副体的导路。该导路为平行于运动轨迹的线。对于杆和块，导路经过

某个转动副中心；对于板，导路根据受力情况确定。块可视为经过转动副、垂直于该导路且指向无穷远的无限长体。板至少垂直于两条导路，因此可视为无限大面积的体。

4. 机构的歧运动位

机构的歧运动位（kinematics bifurcation position），指从动体会出现运动分岔的机构位置。当机构静止时，如果无论驱动力多么大也不能运动，则该位置称为卡位（stuck position）。卡位原名死点（dead point）。

5. 四次多项式凸轮的运动规律

四次多项式凸轮从动体运动规律。该规律的速度曲线关于从动体行程中点位置左右对称；该规律的加速度曲线是中心对称的。该对称特征与五次多项式运动规律相同，因此该规律的时间—加速度曲线与五次多项式规律的该曲线非常相近。

6. 斜齿圆柱齿轮的齿形计算

除分度圆之外，斜齿圆柱齿轮的齿形都是近似螺旋线。螺旋形结构的螺旋角随半径变化，而齿顶与另一齿轮的齿根相啮合，则两者的螺旋角不可能相等。该齿轮传动的重合度（coincidencedegree）也可以根据几何关系计算。

7. 周转轮系传动比的计算方法

周转轮系传动比宜采用标注方向法计算。如果齿轮轴线不在同一个平面内，则很难套用固定的公式。任何分类都应具有全面性和互异性。依据有无可动轴线，轮系可分为定轴轮系和动轴轮系。依据轴是否为一动两静，动轴轮系可分为复合轮系和周转轮系。依据自由数，周转轮系可分为一自由的和二自由的。

8. 绕动轴转动的刚体转动方程

在绕定轴转动的刚体转动方程里，质心惯性力不出现。经过严密的数学推导，绕动轴转动的刚体转动方程里，也不出现质心惯性力，但是多一个包含动轴加速度的惯性项。

9. 刚性冲击

在主动体匀速转动的前提下，如果体之间的作用力发生无穷大的变化，则存在刚性冲击。

（二）强调和修正的概念

1. 矢量等式的几何意义

根据矢量加法的平行四边形法则，等式两边均可合成为同一个矢量。如果起点相同，则终点重合。在机构的运动学、动力学分析和转子静平衡中均有应用。

2. 积分的几何意义

积分是被积函数与积分变量微段的乘积，以积分变量为横坐标，以被积函数为纵坐标，绘制被积函数曲线，则该曲线与坐标轴所围成的面积为积分值。在周期性速度波动调节和从动体运动规律研究中均有应用。

3. 直线运动与圆弧运动的统一

直线运动可视为半径无穷大的圆弧运动。该概念不仅可以将转动副和移动副统一起来，还可判断体在滚滑副与其他构体的连接处所受力的方向。如果忽略其他力，则该力垂直于接触面切线。

4. 复杂机构可以视为多个简单四体机构组合与演化的结果

凸轮机构和齿轮机构可认为是由四体机构经过1副3代（1个滚滑副代替1个构体和2个二约束副）演化而来的，因此可删除杆组的概念。

5. 复杂机构的自由数

每多组合一个基本机构则增加一个自由；每固结一对体则减少一个自由。基本机构释放定体之后可称为自由机构。每多装载一个自由机构增加一个自由。

6. 减小载荷波动的机构改造

该改造原来被称为"机构平衡"。平衡的概念源于质量的对称，体现为对离心惯性力的抵消。适当地增加质点能起到减小载荷波动的作用，但是必须进行详细的动力学研究。

7. 基于运动的盘形凸轮机构凸轮基圆定义

如果凸轮做成与该圆大小相同的圆盘，则从动体就在最近位置保持不动。这有助于理解在运用反转法绘制凸轮廓线时对从动体位移的度量。

8. 凸轮廓线的绘制步骤

画基圆、偏距圆或摆动从动体固定转动副中心的轨迹圆；根据从动体运动规律分割该圆；画导路或接触点运动轨迹；根据位移在导路或该轨迹上取点；光滑连接出理论廓线；包络出实际轮廓。

9. 于啮合力分析的斜齿圆柱齿轮传动主动轮所受轴向力的方向判断依据

基于啮合力分析的斜齿圆柱齿轮传动主动轮所受轴向力的方向判断依据。主要有受力方向为接触点法线、主动轮受到阻力（与运动方向相反）、受力可正交分解为切向力和轴向力等基本概念。与手握齿轮判断法相比，该判断方法具有科学性。

10. 机构装载式组合形式的新定义

机构装载式组合形式的新定义。榫机构只有定体与舟机构的某一运动体固结。该定义可避免与封闭式组合形式相混淆。

11. 两体的重叠共线和拉直共线状态

两体的重叠共线和拉直共线状态。该状态用于极位夹角计算和有曲柄条件判断。

12. 凸轮机构的分类

凸轮机构的分类。根据形状不同，可分为饼（盘）形、棍形、圆柱形等；根据运动形式不同，可分为转动、移动、转动且移动等。

13. 按照两轴线相对位置的齿轮机构分类法

按照两轴线相对位置的齿轮机构分类法。按照两轴线平行、共线、相交、异面进行分类。锥齿轮传动的"轴交角"应改为"轴夹角"。锥齿轮的特征角应为分度半圆锥角。

（三）基于语言特点更名的概念

1. 将机构的自由度（freedomdegree）改为自由数（freedomnumber）。motion 指具体的运动，而 movement 指抽象的运动，如学生运动、妇女运动等有一定宗旨的人员流动。

2. 将"对心机构"改为"正置机构"。"正"与"偏"相对。

3. 将"正弦机构和正切机构"改为"定块滑板机构和三块机构"。根据结构特点命名比根据运动学参数之间的关系命名更好。

4. 将"机构再生设计方法"改为"机构穷举创新方法"。设计步骤包含四层穷举，没有再生的特征。将"一般化"改为"标准化"；将"运动链"改为"自由机构"；将"几副杆"改为"几副体"；将"杆型类配"改为"构体类型分配"。

5. 将"复合铰链"改为"复合转动副"；将"机架"改为"定体"；将"连架杆"改为"转动体"；将"曲柄""系杆"等改为"整周转动体"；将"连杆"改为"连接体"。

6. 凸轮体、齿轮体、螺旋分别对应于机械设计学科的凸轮、齿轮和螺杆。螺旋可称为特殊的齿轮体。原来的齿条应称为齿棍，细长且不可弯。

二、机械设计学科

（一）新定义的概念

1. 振动稳定性。固有频率远离激励频率的能力，即不发生共振的能力。

2. 限制振幅或振动破坏力的减震。该措施是增加弹性阻尼元件，缓和冲击力和吸收冲击能力。

3. 十字滑块（浮板）连轴器的机构运动示意图。在轴线横截面上，轴心为机架铰接点；十字滑块可画成块状或直角杆状的浮板，轴可画成块状或杆状的摇块。如果在多个平面内设计多移动副机构，则装拆技巧较难掌握，如鲁班锁。

4. 规则形状的减速器。可充分利用小零件所留出的空间加装飞轮。

5. 泵的两个特征。一是接受外部动力；二是具有增压功能。抽油杆下端的装置没有该特征，应称为柱塞器。

6. 可储放能量和调节载荷波动的储能块。依靠该质量块的起伏可调节所需动力的波动范围。

7. 基于多体系统动力学理论和矢量运算的万向连轴节速比关系式。

8. 粗糙度代替光洁度的解释。后者凸显机加工的效果，给人积极正面的心理感觉。但是，光洁度越高，表征值却越小，不符合自然逻辑。

9. 摩擦分为静摩擦和动摩擦，滚动摩擦属于静摩擦。

10. 机械的振动控制有主动、被动、干预控制三类。控制：在动态中寻找规律而主动干预，以期获得更好的结果，如监督到位和纠偏。

（二）强调和修正的概念

1. 键与轴毂的连结形式分类

键与轴毂的连结形式分类。安装时不需装配力，则称为松连结；否则，称为紧连结。轴上零件安装之后轴向位置不可动的，称为不可错位连结，如普通平键、半圆键；反之，称为可错位连结，如导向平键。

2. 靠啮合传递动力的带式链

带和链传动的工作原理分别是摩擦和啮合。在链上包一层带，并不改变链的特征；带式链是用柔性材料做成的链，原来被称为同步带。

3. 轴的分类

依据轴线形状，可分为直轴、弯曲轴（包括曲柄轴）和软轴等；依据受载，可分为受弯扭轴、受弯轴和受扭轴等；依据工作方式，可分为横向传动轴、纵向传动轴、双向传动轴和支承轴等。

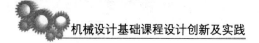

4. 轴的共振转速

轴的共振转速，该转速对应于转子的固有频率，使转子发生共振。该转速类似于飞机因音障而难以提高的飞行速度，曾命名为临界转速。

5. 轴承的定义

由可以发生相对转动的两部分或多部分组成，其中一部分为可与轴同速转动的装置。

6. 滑动轴承

滑动轴承由轴颈和轴支承组成。两者之间如果存在其他零件，则可称为浮环。轴套、轴瓦及轴支承衬料需要耐磨且不应影响轴颈的耐磨性。

7. 滚动轴承内圈与轴的配合

滚动轴承内圈与轴的配合采用特殊的基孔制，以有孔零件的最小实体为基准，该孔的上偏差为零。

8. 径向和轴向轴承

依据受力方向，轴承分为径向和轴向轴承。径向轴承原来也称为向心轴承，轴向轴承原来被称为推力轴承。

9. 安全系数的修正

取消计算载荷、名义载荷的定义，将载荷系数与材料特性、应力特性、表面状态系数、尺寸系数、应力集中系数等一起作为安全系数的修正项处理。综合考虑各种情况，直接评估该系数。

10. 疲劳磨损造成的点损

疲劳磨损造成点损（pittingdamage）。频繁挤压之后出现微裂纹，不挤压时油或空气进入裂纹，再挤压时形成高压导致裂纹扩展，直至表层金属呈小片状剥落下来，从而在零件表面形成一些小坑。该过程与腐蚀（corrosion）无关。点损原来被称为点蚀。

11. 带传动的形式

带传动的形式可分为不交叉传动、交叉传动、半交叉传动。不交叉传动原来被称为开口传动。根据截面形状，带可分为矩形带（平带）、楔形带（V带）、多楔带和圆形带等。

12. 带的最大应力

带的最大应力出现在紧边与小带轮接触处（小带轮主动则为绕入，小带轮从动则为绕出）。

（三）基于语言特点更名的概念

1. 定应力与变应力

静应力的改名为定应力，与变应力相对应。这种更名体现了对于应力状态的准确描述，同时突出了与变应力的对比。在机械系统中，定应力通常指的是在静态或稳态条件下作用在物体上的应力，而变应力则是指在动态或非稳态条件下引起物体变形的应力。定应力的概念更多地关注物体受力的静态特性，有助于在设计和分析中准确描述物体的应力状态。

2. 连接与连结

在机械装配中，两个零件之间的连接形式对于装配的稳固性和工作的可靠性至关重要。根据是否允许相对运动，可以将连接分为两种形式：连接和连结。连接指的是两个零件相连，允许相对运动，适用于连接不同构件的零件；而连结则指两个零件相连，不允许相对运动，适用于连接同一个构件的零件。这种区分强调了连接方式的具体性和抽象性，有助于准确描述装配的特点和要求。

3. 支承与支撑

在机械系统中，支承和支撑是两种不同的作用方式。支承指的是外部作用的实体，迎着外载方向作用，例如轴支承；而支撑则指的是内部作用，支撑物体使其保持稳定。这种区分强调了支承和支撑在机械系统中的不同作用和作用方式，有助于准确描述其功能和特点。

4. 机械原理的体、转动副和移动副

机械原理的体可以是机械设计的零部件、轴系、零件、机架等。转动副可以是铰链、轴承等。移动副可以是导轨、滑轨等。这种更名强调了这些概念在机械系统中的重要性和多样性，有助于准确描述机械系统的组成和功能。

5. 零件的命名

根据形状和功能，零件可以命名为杆、柄、环、圈、盘、盖、板、轴、支承、叉架、箱体、机架、轨等。这种命名方式体现了对于零件形状和功能的准确描述，有助于在设计和制造中对零件进行识别和应用。

6. 作动器

提供振动源的作动器。这种名称强调了作动器在机械系统中的作用和功能，有助于准确描述其在系统中的地位和作用。

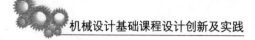

7. 材料的韧性与脆性

材料的韧性与脆性相对，代表了受较大的力之后变形而不损坏和不变形而损坏的特性。这种更名强调了材料在受力下的不同表现形式，有助于准确描述其力学性质和应用范围。

8. 挠性与柔性

挠性与柔性代表了变形时零件是有限节还是无限节的相对。这种更名体现了对于零件变形特性的准确描述，有助于在设计和分析中考虑零件的变形情况。

9. 链传动的组成部分

将链传动的"销轴、套筒和滚子"分别更正为"轴、轴套和套筒"。轴与轴套组成轴承实现链的挠性。这种更名强调了链传动组成部分的准确描述和功能，有助于准确理解链传动的工作原理和应用范围。

三、相关理论概述

（一）机械设计的概念

从人类社会诞生以来，就有了机械设计，从古代的农耕器具，到如今先进的机床、汽车等，都是先形成设计图纸，再通过制造成为成品，在各类产品的开发中，机械设计都是必不可少的重点环节，直接影响产品的质量。机械设计具有五个重要特征：

1. 时代性

机械设计与时代的发展密切相关，会受到时代技术水平、物质条件的影响，每一个时期的机械产品，都有着深刻的时代烙印。

2. 知识性

机械设计是知识的产物，单一凭借想象，很难完成机械设计，成功的机械设计，必须要建立在扎实设计技术、设计理论和设计方法的基础上。

3. 创造性

机械设计是极具创造性的活动，凝结了人们的智慧结晶。

4. 系统性

在时代的发展与变迁下，机械设计中涉及的因素也更多，表现出了很强的系统性特征。

（二）现代设计的特点

现代与传统是相对的概念，现代设计并非抛弃传统的设计模式，而是批判性的继承传统设计，在现代设计中，不仅仅需要关注产品的设计，还需要将设计内容渗透至整个产品的生命周期，充分考虑到制造、成本、维护、运输、回收等各个内容，设计的内涵、外延到了显著扩展。现代设计也做到了多个学科之间的交叉融合，为了提升设计质量，不仅要应用相关领域的基础知识，还需要关注管理学、信息学、材料学、图形学等方面的知识，因此，现代设计是利用现代化计算机辅助设计方式、现代设计方法学、试验设计技术、可靠性设计技术等多个学科交叉进行。现代设计的过程具有智能化、并行化的特征，当前的设计项目变得日益复杂，对于设计也提出了更高要求，对于企业而言，谁可在短时间内开发出优质的产品，谁就可以在竞争中取得一席之地，基于此，智能设计、并行工程开始应用到设计领域中。另外，现代设计的设计手段也更加精确，不管在设计的哪个阶段，都需要用到计算机，计算机已经替代了以往的手工设计，在网络技术以及工程数据库的广泛使用，显著提升了设计工作的效率和质量。

我国现代工业的发展时间要晚于发达国家，在机械产品的设计上，其发展也比较滞后，在中华人民共和国成立之后，我国的机械产品多是从国外进口，直到1983年，我国才首次将机械设计引入了专业领域，形成了被受众认可的机械设计理论。目前，我国已经成为机械制造与出口大国，但是，在机械产品技术上，其核心技术依然会受到各类限制，整体产品的品牌价值不高。我国机械产品的设计，其重点更加侧重于零部件，忽视了核心技术，如控制阀、紧密轴承、隔膜泵、感应器等还是依靠进口。在相当长的一段时间内，我国机械产品的设计还是借鉴国外发达国家，缺乏自己独有的风格，尽管当前越来越多的企业开始在机械设计的创新上进行转型，但尚未形成品牌特色。

四、重要性与应用范围的介绍

（一）重要性

1. 产品性能和质量

机械设计在产品性能和质量方面具有至关重要的作用。其设计理念直接影响着产品在使用过程中的表现。通过合理的设计，可以确保产品具有良好的稳定性、可靠性和耐久性，从而满足用户的需求并赢得市场竞争优势。一是，良好的机械设计可以确保产品的稳定性。稳定性是产品正常运行的基础，直接影响着用户体验和安全性。通过合理设计零部件的结构和连接方式，可以有效地减少产品在运行过程中出现的晃动和震动，提高产品的稳定性和可靠性。二是，机械设计对产品的可靠性也有着重要影响。可靠性是产品在一定条件下正常工作的能力，是产品品质的重要指标之一。通过采用合适的材料、优化零部件的结构设计以及严格的工艺控制，可以降低产品的故障率，延长产品的使用寿命，提高产品的可靠性。三是，机械设计还能够影响产品的耐久性。耐久性是产品在长期使用过程中保持良好性能的能力，直接关系到产品的使用寿命和经济效益。通过合理选择材料、优化零部件的结构设计以及进行充分的寿命试验，可以提高产品的耐久性，延长产品的使用寿命，降低用户的维修成本和更换频率。

2. 成本控制和效率提升

优秀的机械设计是现代工程领域中至关重要的一环，因为它不仅能够直接提高产品的性能，还有助于有效控制制造成本，提升生产效率。在工程实践中，合理的设计方案可以通过减少零部件的使用量来降低成本。这意味着设计师需要精心考虑每个零部件的功能，并努力寻找多个功能的融合点，从而实现更简化的设计。通过减少零部件的数量，不仅可以降低材料成本，还可以减少装配时间和人力成本，进而提高生产效率。

另外，优秀的机械设计还可以简化制造工艺。在设计过程中，设计师需要考虑到生产过程中可能出现的问题，并尽量采用易于加工和组装的设计方案。例如通过设计更简单的结构和形状，可以降低加工难度和精度要求，从而降低制造成本。此外，还可以采用先进的制造技术，如数控加工和3D打印，来进一步提高生产效率，降低制造成本。

除了降低成本外，优秀的机械设计还可以提高生产效率。通过合理的设计，可以降低生产过程中的不必要的步骤和浪费，从而提高整体生产效率。例如简化零部件的结构设计可以减少装配时间，采用自动化装配线和智能制造系统可以提高生产效率，降低人工成本。

3. 科技进步和创新推动

机械设计作为工程技术领域的核心之一，对科技进步和创新推动发挥着至关重要的作用。其在推动科技进步和创新方面的贡献主要体现在以下几个方面。

第一，机械设计通过持续的设计创新和技术改进，推动了工程领域的发展。不断地探索新的设计理念、采用先进的材料和制造工艺、应用新型的技术手段等，为机械产品的性能提升和功能拓展提供了基础。例如随着新材料、新工艺和新技术的应用，机械产品的轻量化、高强度化、高精度化和智能化水平不断提高，满足了人们对于产品质量、效率和安全性等方面需求的不断提升。

第二，机械设计推动了整个工程领域技术的不断革新。在机械设计的基础上，衍生出了许多相关的工程技术领域，如机电一体化、机器人技术、智能制造等。

这些新兴技术领域的发展，为工程技术的创新提供了新的思路和方向。例如机械设计与电子技术的融合，推动了智能机器人和自动化生产系统的发展，为生产制造提供了更高效、更灵活的解决方案。

第三，机械设计还促进了工程领域的跨学科交叉融合。随着科技的发展，机械设计与其他学科，如材料科学、计算机科学、控制科学等的交叉融合日益密切。这种跨学科的合作与交流，为解决复杂工程问题提供了更多的思路和方法，推动了工程技术的全面发展。

4.安全性和环保性

良好的机械设计不仅可以提高产品的性能和降低成本，还能够显著提高产品的安全性和环保性。在现代工程领域，安全性和环保性是不可或缺的重要考量因素，对于保护人们的生命财产安全、减少环境污染、实现可持续发展具有重要意义。

一是通过合理的机械设计可以提高产品的安全性。在设计过程中，可以采用先进的结构设计和材料选择，以确保产品具有足够的强度和稳定性，能够承受预期的工作载荷和环境条件。此外，通过引入智能控制系统和安全装置，可以有效地监测和控制产品的运行状态，及时发现并应对潜在的安全风险，保障使用者的安全。

二是良好的机械设计还可以提高产品的环保性。在设计过程中，可以采用节能环保的设计理念，减少能源消耗和废物排放。例如通过优化设计，降低产品的能耗和排放，采用可再生材料和循环利用的设计方案，减少对自然资源的消耗和环境的破坏。同时，可以引入环保型材料和工艺，避免使用有毒或对环境造成影响的材料，降低产品的生命周期对环境影响。

（二）应用范围

1.制造业

机械设计在制造业中有着广泛的应用，涉及到各种生产设备、机械加工工具和生产线的设计与优化。通过合理的机械设计，可以提高生产效率和产品质量，降低生产成本。

2.航空航天

在航空航天领域，机械设计扮演着关键角色。从飞机的机身结构到发动机的设计，都需要经过精密的机械设计和工程计算，以确保飞行器在各种复杂条件下的安全运行。

3. 汽车工业

汽车工业是机械设计的重要应用领域之一。从汽车的整车结构设计到发动机、变速箱等关键零部件的设计，都离不开机械设计的支持。合理的设计可以提高汽车的性能、安全性和燃油经济性。

4. 能源行业

在能源行业，机械设计主要应用于各种能源设备的设计与制造，包括发电机、涡轮机、水轮机等。通过优化设计，可以提高能源设备的效率和稳定性，实现能源的有效利用。

5. 工业机器人

工业机器人是现代工厂自动化生产的重要设备，机械设计在工业机器人的结构设计和控制系统设计中发挥着关键作用。合理的设计可以提高机器人的精度和稳定性，实现高效的生产自动化。

第二节　机械设计的要点

一、现代机械设计的基本特征

（一）以市场需求为内驱力

现代机械设计工作的开展需要以市场需求作为内驱力，市场会对机械产品的性能、外观等提出规定，在设计环节的各个步骤，都需要以市场需求作为驱动力，也只有符合市场发展需求的现代机械产品，才能够真正赢得市场的认可。

（二）以创新作为设计灵魂

现代机械设计要遵循创新性的原则，这与社会发展的趋势是一致的。对于现代机械产品质量的评估，最终是以市场竞争优势作为评价依据，从市场的应用情况来看，现代化机械产品的性能实现大多是由设计环节决定。具有创新性的机械设计，可以在确保设计质量的背景下，让产品有着更为丰富的功能，这也是创新活动内在价值的一种呈现方式。

（三）多学科技术的融入现代机械设计

在基于现代设计方法理论的指导下，还融入了工业造型设计、CAD 技术、有限元方法等，具有很强的综合性。借助于各类现代化技术的应用，减少了机械设计中存在的盲目性和主观性，显著提高了设计的准确性和创新性。

（四）新知识的动态获取

现代机械设计具有动态化的设计，要丰富现代机械设计的功能，新知识的动态获取极为重要。如CAD具有强大的数值计算能力，利用计算机的图形处理能力，可有效辅助设计人员开展设计与分析，在创新设计手段的同时，集成庞大的信息和知识，显著提升了产品设计的效率，从而满足现代机械设计的发展要求。

（五）关注产品全生命周期

在现代机械设计工作中，需要从产品全生命周期来入手，在产品生产、使用到后续的报废过程，都要关注人际协调、环境友好的问题。基于此，在设计时，既要获取机械设计的相关知识，还要关注产品、使用者的动态信息和知识。对于产品的报废，需要考虑到产品与环境之间可能产生的相互作用。总之，要将设计对象看作时变系统，如果设计无法满足上述要求，就会大大影响产品的竞争力。

二、现代机械设计的一般流程

现代机械设计涉及诸多内容，在设计环节，需要遵循相应的流程，进行严格把关：

（一）产品规划

在现代机械设计工作中，首要步骤就是要进行产品规划，对市场信息进行全面、系统的整理，在明确了细分目标市场后，设计人员需要针对竞品和同类产品进行深入分析，结合市场的发展需求来明确机械设计的优势和不足，进行 SWOT分析，形成科学的产品竞争策略。在设计之前，还需要充分考虑到几个因素：

1. 重要性

（1）全面把握市场信息

产品规划的第一步是对市场信息进行全面、系统的整理。这包括了对目标市场、目标客户群体、市场需求和趋势等方面的调查和分析。通过对市场的深入了解，设计人员可以更好地把握市场的发展方向和机遇。

（2）深入分析竞品和同类产品

设计人员需要对竞品和同类产品进行深入分析，包括其性能特点、优势和不足等方面。通过对竞品的分析，设计人员可以了解市场上的主要竞争对手，并借鉴其经验和教训，从而更好地制定产品竞争策略。

（3）SWOT 分析

SWOT 分析是产品规划的重要工具之一，通过对产品的优势、劣势、机会和威胁进行全面分析，可以帮助设计人员制定科学的产品竞争策略。在分析的过程

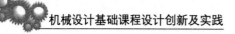

中，设计人员需要结合市场的发展趋势和产品的实际情况，找出产品的优势和不足，并提出改进措施和应对策略。

2. 方法

（1）发挥设计优势

设计人员需要充分发挥自身的设计优势，通过技术创新和产品差异化来提高产品的竞争力。这包括在产品设计中注重创新和功能性，提高产品的性能和品质，从而满足市场的不同需求。

（2）提高产品性能

在设计之前，设计人员需要充分考虑产品的性能要求和技术指标，确保产品在满足功能的前提下，具有良好的质量和效率。这需要设计人员具备深厚的专业知识和技术能力，能够灵活运用现代机械设计技术，提高产品的性能和竞争力。

（二）产品设计

对于机械企业而言，要想在激烈竞争的市场中得到发展，在产品设计环节中，需要赋予足够的创新性，为产品赋予新的灵魂。一方面，要创新机械产品的功能，在制造业中，质量是一个宽泛的概念，不同企业、不同产品的质量评估标准是不同的，很难从技术层面进行界定。总体来看，对于机械产品质量的评估，需要从产品的可靠性、产品的性能、产品寿命和产品安全性几个方面来进行评价。因此，在现代机械设计中，需要尽可能多地考虑到各类影响因素，将各个要素之间整合起来，协调好功能与产品设计之间的关系，优化设计理念，应用科学的筛选工作方案，制订出最优计划，基于工作原理的创新基础上分解工艺动作。

（三）物理模型试验

物理模型试验是在系统条件转换基础上诞生的理论，属于非实物的试验，在这一环节，会涉及物理模型设计问题，在具体设计时，受到各类因素影响，会出现两个突出问题：第一个问题就是不是所有的机械设计都可采用物理模型设计来完成；第二个问题就是在设计时，虽然可以找到微分方程组，但是，实际应用的难度较高，物理模型只可应用在难度较高的命题中，难以提供精准的信息支持。为了解决上述问题，在实际操作中，需要发挥出各方作用，采用合作的方式来完成物理模型试验，制定出畅通的沟通渠道。

（四）构型设计

构型设计就是将设计方案转化为设备与零件的组合。在构型设计中，需要关注几个重点问题：

1.重要性

（1）满足设计要求

构型设计是将设计方案具体化的关键步骤之一。通过构型设计，可以确保现代机械产品能够满足总体设计要求，包括性能、功能、外观等方面的要求。

（2）系统化、通用化、标准化

在构型设计过程中，需要遵循系统化、通用化、标准化的原则，设计出符合标准的零部件和组件。这样可以使产品的零部件具有通用性和互换性，便于后续的维护、更新和升级，提高产品的可维护性和可扩展性。

（3）生产图样的完成

构型设计不仅需要考虑产品的功能和性能，还需要按照一定的流程完成生产图样。这包括绘制零部件和装配图、制定工艺流程和生产工艺，确保产品的生产过程能够顺利进行。

（4）技术文件的编制

构型设计完成后，需要根据设计成果形成相应的技术文件。这包括编制产品说明书、专用工具明细表和外购件明细表等，为产品的生产和使用提供必要的技术支持和指导。

2.方法

（1）设计方案的转化

构型设计的首要任务是将设计方案转化为实际的设备和零件组合。这需要设计人员结合产品的功能和性能要求，确定合适的构型方案，并进行适当的优化和调整，以确保设计方案的实现性和可行性。

（2）零部件的系统化设计

在构型设计过程中，需要对产品的零部件进行系统化设计。这包括对零部件的功能、结构和尺寸进行合理的规划和布局，确保零部件之间的配合和协调，提高产品的整体性能和可靠性。

（3）标准化和通用化设计

构型设计需要遵循标准化和通用化的原则，设计出符合标准的零部件和组件。这样可以提高产品的生产效率和质量稳定性，降低生产成本，增强产品的竞争力。

（4）技术文件的编制

构型设计完成后，需要编制相应的技术文件。这包括编制产品说明书，详细描述产品的技术参数、性能特点和使用方法；制定专用工具明细表，列出产品生产和维护所需的专用工具和设备；编制外购件明细表，明确产品所需外购件的型

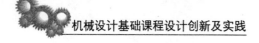

号、规格和供应商信息等。

三、设计过程中的关键考虑因素

（一）功能需求

在机械设计中，功能需求是设计的出发点和核心。产品的功能需求直接影响着设计的方向和设计方案的选择。设计师需要充分了解用户的需求和产品的使用场景，确保设计方案能够满足用户的实际需求。这包括对产品功能特点、使用要求、操作流程等方面的详细考量和分析。只有在充分理解功能需求的基础上，才能够提出符合实际应用的设计方案。

（二）性能指标

除了满足功能需求外，产品的性能指标也是设计过程中需要重点考虑的因素之一。性能指标涵盖了产品的各种技术参数，如承载能力、运行速度、精度要求等。这些性能指标对于产品的设计和优化至关重要，直接影响着产品的使用效果和市场竞争力。设计师需要根据产品的实际应用场景和用户需求，合理确定各项性能指标，并在设计过程中不断优化，确保产品具有良好的性能表现。

（三）材料选择

材料选择是机械设计中至关重要的环节之一。不同的材料具有不同的物理特性和机械性能，对产品的性能、成本和制造工艺都有着直接影响。设计师需要根据产品的使用环境、工作条件和性能要求，选择合适的材料，以确保产品具有足够的强度、刚度和耐久性。同时，还需要考虑材料的可获得性、加工性和成本等因素，综合评估选择最佳的材料方案。

（四）制造工艺

在机械设计中，考虑到产品的制造工艺是设计过程中不可忽视的因素。设计师需要选择适合的制造工艺，保证产品可以经济、高效地生产出来。制造工艺的选择涉及到产品的加工工艺、装配工艺、检测工艺等方面，需要充分考虑产品的结构特点、材料特性和生产成本等因素，以确保产品的质量和生产效率。

（五）成本控制

成本控制是产品设计过程中需要重点关注的问题之一。设计师需要在满足功能和性能要求的前提下，尽可能降低产品的制造成本，提高产品的竞争力。成本控制涉及到各个方面，包括材料成本、加工成本、人工成本等，需要在设计过程中全面考虑，并采取有效的措施进行控制和优化。只有在成本可控的情况下，产品才能够具备良好的市场竞争力和持续的盈利能力。

四、设计中常见的问题与解决方法

（一）材料选择不当

1. 问题描述

在产品设计过程中，常见的问题之一是材料选择不当，可能导致产品性能不达标或成本过高。这可能源于设计者对于材料特性和应用范围了解不够全面，或者未能充分考虑产品需求。

2. 解决方法

（1）深入了解材料特性：设计者需要投入时间和精力，深入了解各种材料的物理、化学和机械特性。这包括强度、耐磨性、耐腐蚀性、导热性等方面。

（2）分析应用需求：将产品的具体应用需求与各种材料的特性进行对比和匹配。考虑产品的使用环境、负载条件、工作温度等因素。

（3）选择最合适的材料：综合考虑产品性能、成本、可获得性等因素，选择最适合的材料。这可能需要进行材料的实验测试或者模拟分析。

（二）结构设计不合理

1. 问题描述

结构设计不合理可能导致产品强度不足、功能实现困难或者造型不美观。这可能源于设计者对于结构力学原理的理解不够透彻，或者在设计过程中缺乏系统性的分析。

2. 解决方法

（1）有限元分析优化：利用有限元分析等工具，对产品的结构进行详细分析和优化。这可以帮助设计者了解结构的受力情况，找到设计中的疏漏和不足之处。

（2）增加结构支撑：在设计中增加合理的支撑结构，提高产品的整体稳定性和强度。这可能涉及到重新设计零部件或者优化结构布局。

（3）采用新的设计理念：考虑采用新的设计理念，如轻量化设计、模块化设计等，以提高产品的性能和可靠性。

（三）制造工艺难以实现

1. 问题描述

在产品设计过程中，可能会遇到制造工艺难以实现的问题。这可能是因为设计过于复杂，导致加工工艺困难，或者采用的材料和工艺成本过高。

2. 解决方法

（1）优化设计：对产品进行设计优化，简化结构，减少加工难度。这可能包括重新设计零部件的形状、尺寸或结构，以便更容易地进行加工和组装。

（2）寻找适合的制造工艺：与制造工程师和加工厂商合作，寻找适合的制造工艺。这可能涉及到改变加工工艺、选用不同的生产设备或者改变加工顺序。

（3）降低成本：考虑采用成本更低的材料和工艺，以降低产品的制造成本。这可能需要重新评估产品的性能和质量要求，以平衡成本和性能之间的关系。

（四）成本超支

1. 问题描述

成本超支是设计过程中常见的问题之一，可能会导致产品无法投入生产或者无法盈利。这可能是因为设计范围控制不当，材料和工艺选择不合理，或者生产成本高于预期。

2. 解决方法

（1）精细成本核算：对产品的各个方面进行精细成本核算，包括材料成本、加工成本、人工成本、间接成本等。这可以帮助设计者了解哪些方面的成本偏高，从而采取相应的措施。

（2）合理控制设计范围：在产品设计阶段就明确产品的性能和质量要求，合理控制设计范围。这可以避免不必要的功能和特性，从而降低产品的成本。

（3）寻找替代材料和工艺：考虑采用成本更低的材料和工艺，以降低产品的制造成本。这可能需要重新评估产品的性能和质量要求，以平衡成本和性能之间的关系。

（五）市场反馈不佳

1. 问题描述

如果产品设计后市场反馈不佳，可能需要重新调整设计方案。这可能是因为产品性能不达标，市场需求不明确，或者竞争对手的产品更具竞争力。

2. 解决方法

（1）及时收集市场反馈信息：与客户和用户进行沟通，收集他们的反馈和意见。这可以帮助设计者了解市场需求和用户偏好，从而调整产品设计方案。

（2）进行产品改进和优化：根据市场反馈信息，对产品进行改进和优化。这可能涉及到重新设计产品的外观、功能或性能，以提高产品的竞争力。

（3）持续跟踪市场变化：市场是不断变化的，设计者需要持续跟踪市场变化，及时调整产品设计方案。

第三节　机械设计的标准和规范

一、相关标准与规范的介绍与应用

（一）机械设计相关标准

1. ISO 标准

ISO（国际标准化组织）发布了大量的机械设计相关标准，涵盖了各个方面，包括但不限于尺寸标准、材料标准、工艺标准等。其中，ISO 9000 系列标准作为质量管理体系的国际标准，适用于各类组织，为制造业提供了重要的质量管理指南。ISO 标准的制定涉及了各个国家和地区的专家和机构，旨在推动国际贸易和技术交流的发展。

在机械设计中，ISO 标准扮演着重要的角色。例如 ISO 286 系列标准规定了公差的基本制度和基本公差的标准数值，为机械零件的加工提供了公认的标准。ISO 2768 标准则规定了线性尺寸的一般公差，是设计师进行零件设计时的重要参考。此外，ISO 标准还涵盖了诸如 ISO 1101（几何公差规范）、ISO 5593（轴承标准）、ISO 148-1（焊接标准）等方面。

2. GB 标准

GB（国家标准）由国家标准化管理委员会发布，涵盖了大量的机械设计相关标准。GB 标准是中国国家标准体系的重要组成部分，具有法律效应。在机械设计领域，GB 标准覆盖了各个方面，包括机械零部件的标准尺寸、技术要求等。

例如 GB 1800 系列标准规定了机械零件的设计和制造基本公差，GB 12345 系列标准则规定了机械零件的标准尺寸系列。此外，GB 5226 系列标准规定了机械设备的电气安装和保护要求，GB/T 20170 系列标准规定了机械零件的加工表面粗糙度等。

3. 行业标准

各个行业根据自身特点和需求，制定了相应的行业标准。这些行业标准针对具体行业的特殊要求进行了规范，对于指导该行业的机械设计具有重要作用。例如汽车行业制定了一系列的汽车行业标准，涵盖了车辆结构、性能、安全等方面；

航空航天行业也发布了专门的行业标准，包括航空器件设计、航空器材料要求等。

（二）标准的应用

1. 设计指导

标准在机械设计中扮演着重要的指导角色。设计师可以根据相关标准提供的技术要求、规范要求等内容，明确设计方向，确保设计的合规性和可靠性。标准为设计过程提供了一种规范化的方法和框架，有助于设计师更加系统地进行设计工作，降低设计风险，提高设计效率。

2. 质量保证

遵循相关标准可以有效地保证产品的质量。通过符合标准规定的技术要求和测试方法，可以确保产品的制造过程和质量控制符合行业标准，从而提高产品的质量稳定性和一致性。质量标准的遵循有助于提高产品的可靠性和持久性，为用户提供更加优质的产品和服务。

3. 市场准入

符合相关标准的产品更容易通过市场准入认证。市场准入认证是对产品进行质量、安全、环保等方面的检验和评估，确保产品符合国家或地区的相关法律法规和标准要求。通过获得市场准入认证，产品可以获得市场认可，提升产品的竞争力，增强市场信任度，拓展销售渠道，实现市场拓展和品牌推广。

4. 国际贸易

符合国际标准的产品更容易进行国际贸易。国际贸易涉及到不同国家或地区的产品标准和技术规范，如果产品符合国际标准，可以降低贸易壁垒，促进跨国贸易和合作。符合国际标准的产品具有更高的通用性和可比性，有利于产品在国际市场上的推广和销售，提升企业的国际竞争力。

二、相关标准与规范的介绍与应用

（一）机械设计标准控制

机械设计工作务必要遵循标准化的准则，根据设计的方向和理念不同，具体来说又进一步分为对机械设计概念、机械设计产品状态和设计方法等三大不同方面的标准化设置。在实习工作的过程中，根据标准的高低，又可以进一步分为国家层面设定的较高标准、行业领域的专业标准以及企业自身设计的相关标准设计等。对于行业领域标准来说，属于必须执行的行业规范，国家标准是推荐产品标准化设计过程中所要达到的理想目标。对于机械设备来说，设计标准是影响其是否有效的关键性因素之一，当前随着时代的发展和生产的优化更新，机械设备的设计标准也产生了新的发展方向。在传统时代，我国机械制造产业生产模式主要表现为开放式的市场环境和经营业态，但当前随着市场竞争的不断加剧，企业为了能够进一步优化产品质量，拓宽销售市场，正在不断向着精细化加工的方向发展，这对于机械制造的设计标准提出了更高的要求。不仅设计标准更加严格苛刻，同时，其涵盖的范围也更加广泛。具体来说，在当前时代，机械设计标准主要需要兼顾安全生产与绿色设计两大方面的原则内容。首先，安全生产是为了能够保证生产制造环节的安全性和可持续发展性。相对来说，机械制造环节各类大型设备较多，整体制造速度也较快，对于一线工作人员生产安全性存在一定的威胁，人身安全是任何生产作业模式的首要考虑因素，因此，要在有效保证机械生产制造高效率的前提下，充分注重人员安全性，提高设备的稳定运行性。除此之外，这类大型设备相对来说使用年限也比较久，如何能够降低设备磨损，实现长期化的制造运营，也是安全生产涵盖的范围之一。第二，绿色设计是当前机械设计标准发展的另一大方向和趋势。随着制造业和工业的快速发展，我国虽然在经济和行业优势上取得领先地位，但是同时也面临严峻的环境危险。如何有效平衡环境保护与生产制造是当前各方面重要的研究课题。必须适应时代发展的趋势，有效平衡两者之间的关系，对各项资源进行优化整合，充分贯彻绿色设计的理念。不仅需要考虑到资源的可持续性利用和对生态环境造成的负面影响。除此之外，还要考虑各个细微环节是否做到了绿色低碳节能环保。

（二）机械设计制造质量控制

在实际生产运营的过程中，机械制造的质量直接和后期产品的质量相挂钩，产品的质量优势决定企业产品是否能够在激烈的市场竞争中取得优势，是否能够做到经济效益最大化的关键性影响因素。因此，对机械设计环节进行制造质量控制是必由之路。要通过有效控制该环节的质量管理为后期产品的高质量保驾护航，使企业能够在激烈的市场竞争中谋求更多的经济利益，实现良好的正向循环。对机械设计的质量控制首先要从源头上做起，对原材料、零部件的标准进行严格挑选，充分审核第三方供应商的资质和产品性能。除此之外，要充分考虑到影响产品制造质量的各类因素，尤其是加工精度和加工误差方面的相关因素，避免由于加工量大而产生热量导致产品变形或作用力不准等相关问题出现，有效保证制造过程中的产品效果。质量控制实现之路要通过控制产品设计精度、工艺流程和其他相关因素等多个方面来进行。以上都是可能会影响到机械制造质量的有关方面，因此必须要通过多样化的合理方式，有效提高产品制造的精度。对细节性环节进行把握，优化生产工艺流程，避免出现效率过低的负面缓解影响。同时积极屏蔽各类外界因素的干扰，有效保证机械制造环节能够实现高效、效率化、先进性和专业性，对制造质量进行合理把控和严格控制。

三、设计过程中的合规性与标准化要求

（一）合规性要求

1. 法律法规

法律法规是制约产品设计的基本依据，主要涵盖环保法规和安全法规两个方面。

（1）环保法规：环保法规旨在保护环境，规范了生产过程中的废物排放、环境污染控制等内容。在机械设计中，设计师必须考虑到产品的生产、使用和废弃等环节对环境的影响，采取相应的措施减少环境负荷。

（2）安全法规：安全法规着重于保障用户的人身安全和财产安全，包括产品设计、生产、使用中的安全要求。设计师需要确保产品在设计阶段就考虑到了安全因素，采取相应的措施减少事故风险。

2. 行业规范

不同行业有各自的行业规范，设计师需要遵守这些规范，以确保产品的设计符合行业标准，并满足市场需求。

（1）产品性能标准：行业规范中通常包含了对产品性能的要求，如机械设备的承载能力、运行速度、精度等方面的标准，设计师需要根据行业规范确定产品的性能指标。

（2）生产流程标准：行业规范还涉及到生产过程中的标准和要求，包括生产设备、工艺流程、质量管理等方面的规定，设计师需要根据行业规范制定相应的生产标准。

3. 安全标准

安全标准是保障产品使用安全的重要依据，设计师需要在设计过程中充分考虑产品的安全性，遵循相关的安全标准，减少事故风险，保护用户的安全。

（1）安全设计原则：安全标准中通常包含了安全设计的原则和要求，如防护装置的设置、使用说明的编制等内容，设计师需要遵循这些原则，确保产品在使用过程中不会对用户造成危害。

（2）符号标识：安全标准还包括了产品安全标识的要求，设计师需要在产品上设置相应的安全标识，以提醒用户注意安全事项，防止意外事件发生。

（二）标准化要求

1. 设计文件标准化

设计文件是机械设计中的重要成果，其标准化对于设计交流、管理和后续生产具有重要意义。

（1）设计说明书：设计说明书是对产品设计方案、技术参数、使用说明等内容的详细描述，要求编制规范、清晰、准确，以便于后续的生产和使用。

（2）工程图纸：工程图纸是设计的具体表现形式，需要符合国家和行业标准的要求，包括图纸格式、图幅比例、标注规范等，以确保图纸的准确性和可读性。

2. 零部件标准化

采用标准零部件是提高产品设计效率和降低成本的重要途径，其标准化要求体现在以下几个方面：

（1）通用性：标准零部件具有通用性，可以在不同的设计中重复使用，减少重复设计的工作量，提高设计效率。

（2）互换性：标准零部件具有互换性，可以替代同类型的其他零部件，简化设计和生产过程，降低成本。

3. 工艺标准化

统一的工艺标准是确保生产过程规范和稳定的关键，其标准化要求包括：

（1）加工工艺：包括机械加工、焊接、表面处理等工艺的标准化，要求符合相应的国家标准和行业规范，确保产品加工质量和一致性。

（2）装配工艺：包括零部件的装配顺序、方法、工装夹具等方面的标准化，要求简化装配过程，提高装配效率和质量。

4. 质量标准化

质量标准化是保证产品质量的关键，其标准化要求主要包括：

（1）质量控制计划：设计师需要制订详细的质量控制计划，包括产品检验标准、检测方法、抽样方案等内容，确保产品质量符合标准要求。

（2）质量管理体系：设计师需要遵循 ISO 9000 系列标准，建立健全的质量管理体系，实现全面质量管理，持续改进产品质量。

第三章　机械系统的动力学分析

第一节　机械系统的动力学原理

一、动力学基本概念与原理

（一）力学基本定律

1.牛顿运动定律

牛顿的三大运动定律是力学的基石，它们描述了物体运动的基本规律。

第一定律（惯性定律）：物体在不受力的情况下保持静止或匀速直线运动，除非受到外力的作用。这一定律说明了物体的惯性特性，是描述自然界运动状态的基础。

第二定律（运动定律）：物体的加速度与作用在其上的合外力成正比，与物体的质量成反比。这个定律提供了描述物体运动状态的数量关系，是力学分析的重要工具。

第三定律（作用与反作用定律）：任何两个物体之间都有相互作用力，且大小相等、方向相反。这个定律揭示了力的相互作用规律，对于解释各种力的产生和作用具有重要意义。

2.动量定理

动量定理描述了物体受到外力作用时的运动状态变化，即物体的动量随时间的变化量等于受力的大小。动量定理是研究物体运动的重要原理，它将力和物体的运动状态联系起来，为动力学分析提供了重要依据。

3.角动量定理

角动量定理描述了刚体受到外力矩作用时的运动状态变化，即刚体的角动量随时间的变化率等于受力矩的大小。角动量定理是研究刚体转动运动的基本原理，它描述了刚体在外力矩作用下的角动量变化规律，是解决转动运动问题的重要工具。

（二）质点运动学

1.位移

位移是描述物体从一个位置到另一个位置的位置变化，是一个矢量，它包括了物体移动的方向和距离。位移的大小可以用两点之间的直线距离来表示，方向可以用箭头指示。在运动学中，位移是一个非常基础的概念，能够帮助我们理解物体在运动过程中的位置变化情况。

2.速度

速度是物体在单位时间内所走过的位移，是描述物体运动快慢的物理量。速度是一个矢量，包括大小和方向两个方面。通常情况下，速度可以用位移对时间的导数来表示，即 $v = \Delta s / \Delta t$，其中 v 表示速度，Δs 表示位移，Δt 表示时间间隔。在运动学分析中，速度是一个关键参量，能够帮助我们了解物体的运动状态。

3.加速度

加速度是速度随时间的变化率，描述了物体在单位时间内速度的变化情况。加速度也是一个矢量，包括大小和方向两个方面。一般情况下，加速度可以用速度对时间的导数来表示，即 $a = \Delta v / \Delta t$，其中 a 表示加速度，Δv 表示速度的变化量，Δt 表示时间间隔。在物体的运动中，加速度可以帮助我们了解物体在单位时间内速度变化的情况，进而推断出物体所受的力和加速度的方向等重要信息。

（三）刚体动力学

刚体动力学研究刚体在外力作用下的运动规律，主要包括平动和转动两个方面。平动描述了刚体整体沿直线运动的规律，而转动描述了刚体绕轴线旋转运动的规律。

1.平动

平动是指刚体整体沿直线运动的情况，其运动状态可以由质心的位置和速度来描述。根据牛顿第二定律，可以得到刚体的平动方程：

$$\sum \vec{F} = m\vec{a}_C$$

其中，$\sum \vec{F}$ 表示作用在刚体上的合外力，m 表示刚体的质量，$\vec{a}_C$ 表示刚体质心的加速度。

2.转动

转动是指刚体绕轴线旋转运动的情况，其运动状态可以由角度和角速度来描

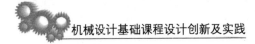

述。根据角动量定理，可以得到刚体的转动方程：

$$\sum \vec{\tau} = \frac{d\vec{L}}{dt}$$

其中，$\sum \vec{\tau}$ 表示刚体的角动量，$\frac{d\vec{L}}{dt}$ 表示角动量随时间的变化率。

二、机械动力学的基本概念

机械动力学是研究机械系统运动规律的科学，涉及运动学、动力学、机械振动、机械平衡以及机械效率和稳定性等多个方面。

（一）运动学

研究物体运动的几何性质的科学，主要研究物体运动的位移、速度和加速度，以及这些运动是如何改变的。运动学不考虑力或力矩的作用，只是单纯地关注物体运动的变化。运动学是理解和设计复杂机械系统运动特性的基础，它提供了关于物体运动的必要信息，从而预测和控制物体的运动。

（二）动力学

研究力对机械系统运动的影响的科学，主要研究如何通过力和力矩来产生或改变物体的运动状态。动力学的基本原理是牛顿第二定律，即物体运动的加速度与作用在物体上的力成正比，与物体的质量成反比。动力学的主要任务是分析和预测在力作用下物体的运动规律，包括速度、加速度、位移和力的关系。

（三）机械振动

机械系统在周期性变化的力的作用下发生的周期性运动。机械振动可以是有害的，例如导致机械设备的疲劳破坏；也可以是有益的，例如振动筛选和振动研磨。研究机械振动的目的是控制有害的振动，利用有益的振动，并从振动中获取有用的信息。

（四）机械平衡

涉及重心、转动惯量和系统动态平衡的分析。机械平衡的目的是使机械系统在运动或静止状态下保持稳定。不平衡的机械系统在旋转时会产生离心力或陀螺力矩，这可能导致机械部件的损坏或降低设备的性能。合理的平衡设计和调整可以消除或减小这些力的影响，提高机械系统的稳定性和可靠性。

（五）机械效率和稳定性

机械效率是指机械系统将其输入的能量转换为有用输出的能力，提高机械效率可以降低能源消耗和减少环境污染；稳定性是指机械系统在受到扰动后恢复其原始状态的能力。研究机械效率和稳定性有助于提高机械设备的工作性能和可靠性，减少故障和维护成本。

三、动力学在机械设计中的应用

（一）运动设计

在机械系统中，运动设计是至关重要的一环。它涉及到机械传动系统、摩擦副等部件的设计，直接影响着系统的运动性能和稳定性。运动设计的核心在于运用动力学原理，以确保系统的运动平稳、高效、可靠。

1. 传动系统设计

传动系统的设计需要考虑到多个因素，包括传动比、齿轮参数、轴承类型等。动力学原理在传动系统设计中扮演着重要角色。动力学分析可以确定合适的传动比，以满足系统的运动要求和效率需求。此外，对齿轮参数的选择也要依据动力学原理，确保传动过程中的平稳性和功率传递效率。对于轴承类型的选择也需要考虑到动力学因素，以确保系统运动的稳定性和可靠性。

2. 摩擦副设计

摩擦副在机械系统中承担着传递力和运动的重要任务。在摩擦副的设计过程中，动力学原理被广泛应用。动力学分析可以确定摩擦副的接触压力、摩擦系数等参数，以确保摩擦副在运动过程中的稳定性和效率。此外，还可以通过动力学原理优化摩擦副的结构形式和材料选择，以提高其耐磨性，延长其使用寿命。

（二）结构设计

机械结构的设计必须考虑到动力学因素，以确保结构的稳定性和安全性。结构设计阶段需要综合考虑动态载荷、振动等因素，设计出合理的结构形式和支撑方式。

1. 动态载荷分析

在设计大型机械设备时，动态载荷是一个重要考虑因素。动力学原理可以用来分析系统在运行过程中受到的动态载荷，并据此确定合适的结构强度和支撑方式，以确保结构在运行过程中的稳定性和安全性。

2. 振动分析与控制

振动是机械系统中常见的问题之一，对结构和设备的稳定性和可靠性都有重要影响。在结构设计阶段，可以通过动力学分析来确定合适的阻尼和刚度参数，以减小系统的振动幅度，提高系统的稳定性和可靠性。此外，还可以采用动态振动控制技术，如有源振动控制和被动振动控制，来减小系统的振动影响，提高系

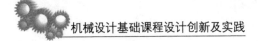

统的工作效率和舒适性。

（三）性能优化

动力学分析不仅可以帮助设计出稳定、安全的机械系统，还可以用来优化系统的性能，包括功率、效率、响应速度等指标。

1. 功率与效率优化

深入分析机械系统的运动特性和工作条件，可以调整系统的结构参数和工作状态，以达到功率和效率的优化。例如在传动系统设计中，可以通过优化传动比和齿轮参数，来提高系统的功率传递效率；在摩擦副设计中，可以通过优化摩擦系数和接触压力，来减小系统的能量损耗，提高系统的效率。

2. 响应速度优化

响应速度是衡量机械系统性能的重要指标之一。动力学分析可以优化系统的结构参数和控制策略，以提高系统的响应速度。例如在控制系统设计中，可以通过优化控制算法和系统参数，来提高系统的响应速度和控制精度，从而提升系统的性能和效率。

第二节　机械系统问题求解技巧

一、动力学问题求解方法与技巧

（一）数值模拟

1. 有限元分析

有限元分析是一种常用的数值模拟方法，适用于复杂结构的动力学分析。在有限元分析中，将结构离散为有限数量的单元，利用数值方法求解结构的运动方程，从而得到结构的振动特性和响应。有限元分析可以用来研究结构的固有频率、模态形态、振动幅值等信息，为结构设计和优化提供重要参考。

2. 多体动力学模拟

多体动力学模拟是一种模拟机械系统多体运动的数值方法。它将机械系统建模为多个刚体或弹性体的集合，利用牛顿运动定律和约束方程描述系统的运动行为，通过数值求解得到系统的运动轨迹、速度、加速度等信息。多体动力学模拟可以用来研究机械系统的运动性能、碰撞行为、工作过程等，为系统设计和控制提供重要参考。

（二）理论分析

1. 基于动力学原理的分析

基于动力学原理的分析是理论分析的核心内容之一，它利用牛顿运动定律、能量守恒定律、动量守恒定律等基本原理，推导出系统的运动方程和约束方程。通过分析这些方程，得到系统的运动规律、稳定性条件、自由度等信息，为问题的解决提供理论基础。

2. 数学建模与解析求解

数学建模是理论分析的重要步骤，它将实际的动力学系统抽象为数学模型，建立系统的运动方程和约束方程。通过对这些方程进行数学分析和求解，得到系统的解析解，从而得到系统的运动轨迹、周期、稳定性等重要信息。数学建模与解析求解可以为系统设计和优化提供重要参考，同时也有助于理解系统的动力学行为和机理。

二、实际案例分析与应用

实际案例的分析和应用可以加深对机械系统动力学问题的理解和应对能力，例如：

（一）振动分析

1. 机械振动与噪声对工作效率和环境的影响

（1）降低工作效率

振动会导致机械设备的部件磨损加剧，进而引起零部件间的间隙变大，降低了机械设备的工作效率。

（2）加大能耗

振动会使机械设备的摩擦阻力增大，使能耗增加。

（3）噪声污染

振动引起的共振和机械碰撞会产生较大的噪声，对操作人员和周围环境造成干扰和污染。

2. 常用的振动控制和噪声控制策略

机械振动与噪声控制关系如图 3-1 所示。具体的控制策略如下。

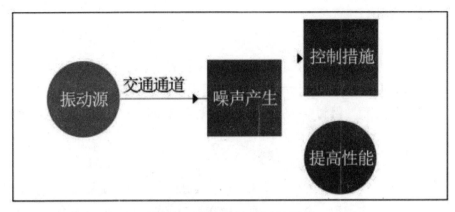

图 3-1　机械振动与噪声控制关系

（1）振动控制

①质量控制。通过增加质量来提高系统的耐振性能。

②刚度控制。通过增加结构的刚度来提高系统的抗振性。

③阻尼控制。通过适当的阻尼有针对性地降低系统的共振频率，消除振动能量。

④隔振控制。通过采用隔振措施切断振动的传递路径，如采用弹性支座、隔振橡胶等，从而达到振动控制的目的。

（2）噪声控制

①源头控制。通过改变噪声源的性质或消除噪声源来控制噪声。如控制机器噪声、振动，使用低噪声电器等，从而减少对周围环境的噪音污染。

②传播路径控制。通过隔离或消除噪声传播路径上的声音来减少噪声的传播，如在建筑物内安装隔音材料、采用隔音玻璃等措施。

③接收体控制。通过加强对接收体（如居住者、听众等）的保护来减少噪声的影响。例如在居住地装隔音门窗等，同时佩戴防止噪声的耳塞。

④综合控制。综合运用源头控制、传播路径控制、接收体控制等措施来控制噪声，对特别重要区域使用双重隔音技术。噪音和振动控制是一个涉及多个方面的技术和工程问题，需要综合考虑和实践，在不同场合、不同需求情况下采取不同的技术方法和工程措施，从而达到控制噪音和振动的目的。

3. 探讨新型环保机械在振动与噪声控制方面的应用

新型环保机械在振动与噪声控制方面的应用是当前机械工程领域研究的重点之一。随着环保意识的不断增强和机械工业的快速发展，振动和噪声控制成为机械系统性能提升和环保要求满足的关键因素。优化机械结构设计，采用新型材料和制造技术，可以有效地减小机械系统的振动和噪声。例如优化发动机的结构设计可以显著降低内燃机的振动和噪声，提高其效率和可靠性。此外，采用先进的振动和噪声控制技术，如主动和半主动控制技术、声学控制技术等，可以对已产生的振动和噪声进行有效的抑制和消除。这些技术的应用可以显著提高机械系统的性能、效率、可靠性和环保性。为了更好地推进新型环保机械在振动与噪声控制方面的应用，需要加强国际合作和交流，共同攻克技术难题。通过合作研究、技术转让和人才培养等方式，加快技术进步和产业发展，促进机械工业的可持续发展。

新型环保机械在振动与噪声控制方面的应用是机械工程领域的重要发展方向。通过优化设计、采用先进技术和加强国际合作，推动机械工业的可持续发展，满足人们对环保、高效、可靠机械系统的需求。同时，对新型环保机械在实际运用中的效果进行全面评估，有助于企业做出明智的决策，实现环境保护和经济效益的双赢。因此，新型环保机械在振动与噪声控制方面的应用对于机械工业的可持续发展和环境保护具有重要意义。

（二）动力传递

动力传递是机械系统中至关重要的一环，它涉及到能量的转换和传递过程，直接影响着系统的运动性能和效率。优化动力传递方案可以提高机械系统的工作效率，降低能量损耗，从而达到节能减排和提升生产效率的目的。

1. 传动效率的分析与优化

传动效率是衡量传动系统性能的重要指标之一，它反映了能量在传动过程中的损失程度。在实际应用中，传动系统的传动效率往往不是100%，主要受到摩擦、弯曲、变形等因素的影响。因此，提高传动效率是优化传动方案的关键之一。

（1）摩擦损失的降低

①选择合适的润滑方式和润滑剂

传动系统的摩擦系数直接影响着摩擦损失的大小，选择合适的润滑方式和润滑剂是降低摩擦损失的有效手段之一。例如一汽大众某型号汽车发动机传动系统的润滑方案优化。该汽车发动机传动系统采用了传统的油润滑方式，但在高速运行时存在润滑不良和油耗过大的问题。为了改善这一情况，研发团队将润滑方式由传统的油润滑改为了气润滑，并采用了新型的低摩擦系数润滑剂。通过试验验证，新方案使得摩擦系数得到了显著降低，摩擦损失明显减少，同时还提高了发动机的工作效率和可靠性。

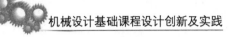

②优化传动部件的表面加工质量

传动部件的表面粗糙度直接影响着摩擦阻力的大小，优化表面加工质量是降低摩擦损失的重要途径之一。在实践中，可以通过以下方式来优化传动部件的表面加工质量，例如飞机发动机传动系统齿轮加工质量的优化。齿轮作为传动系统中的核心部件，其表面加工质量直接影响着传动效率和工作稳定性。传统的加工方法往往难以达到高精度和低粗糙度的要求，导致摩擦损失较大。为了改善这一情况，某飞机发动机制造厂引进了先进的数控加工设备和高精度加工工艺，对齿轮进行了精密加工。经过试验验证，新加工的齿轮表面粗糙度显著降低，摩擦阻力明显减小，传动效率和稳定性得到了显著提高。

③采用滚动轴承代替滑动轴承

滑动轴承在传动系统中存在着较大的摩擦损失，而滚动轴承由于其滚动运动的特性，摩擦损失相对较小。因此，采用滚动轴承代替滑动轴承是降低摩擦损失的有效途径之一。例如高速列车轮轴轴承摩擦性能的优化。在高速列车运行中，轮轴轴承的摩擦损失直接影响着列车的运行效率和能源消耗。传统的滑动轴承存在着摩擦损失较大的问题，因此某高速列车制造厂采用了滚动轴承替代滑动轴承。经过试验验证，新轮轴轴承摩擦损失显著降低，轴承温升明显减小，列车的运行效率和能源利用率得到了显著提高。

（2）功率传递的优化

①选择合适的传动方式和传动元件

传动方式和传动元件的选择对功率传递的效率有着直接的影响。合适的传动方式和传动元件可以有效地降低传动过程中的功率损失，例如工业机械设备传动系统的优化。传统上，该机械设备的传动系统采用了链条传动，但在高负载运行时存在着链条弯曲和链轮磨损等问题，导致功率传递效率低下。为了改善这一情况，设计团队引入了带有高效齿形的齿轮传动系统。通过数值模拟和实验验证，新的齿轮传动系统在相同工况下能够显著降低功率损失，提高了传动效率，同时还具有更好的稳定性和耐久性。

②设计合理的传动比

传动比是影响功率传递效率的重要因素之一。设计合理的传动比可以使传动系统在不同工况下能够有效传递功率，提高传动效率，例如电动汽车传动系统的优化。传统上，电动汽车的传动系统采用了固定传动比的齿轮传动，但在加速和爬坡等工况下存在着功率传递效率低下的问题。为了改善这一情况，汽车制造厂商设计了一种可调传动比的变速箱。通过调整传动比，使得传动系统在不同工

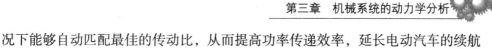

况下能够自动匹配最佳的传动比，从而提高功率传递效率，延长电动汽车的续航里程。

③采用高效的传动元件

传动元件的选择对传动效率和能量损失有着重要影响。采用高效的传动元件可以有效地减小传动过程中的能量损失，例如一台工厂生产线上的联轴器优化。传统上，该生产线的传动系统采用了普通的联轴器，但在高速运行时存在着传动不稳定和能量损失较大的问题。为了改善这一情况，工厂引入了高效的弹性联轴器。新的弹性联轴器具有更低的摩擦系数和更高的传动效率，能够有效地减小传动过程中的能量损失，提高生产线的运行稳定性和效率。

（3）结构优化与精度提升

①设计合理的传动布局

传动布局的合理设计可以减小传动过程中的不必要转动元件，降低能量损失，提高传动效率，例如一台数控机床传动系统的结构优化。在传统的数控机床传动系统中，存在着过多的传动链条和转动元件，导致能量损失较大。为了改善这一情况，机床设计团队重新设计了传动布局，将传动链条中的不必要转动元件减少到最小。通过优化后的传动布局，数控机床的传动效率得到了显著提高，同时还降低了能源消耗和维护成本。

②提高传动部件的加工精度和装配精度

传动部件的加工精度和装配精度直接影响着传动系统的精度和效率。提高加工精度和装配精度可以减小传动链条中的间隙和误差，提高传动效率，例如一辆高速列车传动系统的精度提升。在高速列车传动系统中，传统的加工工艺和装配工艺往往难以满足高精度和高效率的要求，导致传动链条中存在着较大的间隙和误差。为了改善这一情况，列车制造厂商引入了先进的数控加工设备和自动化装配线，对传动部件进行了高精度加工和装配。经过优化后的传动系统精度得到了显著提升，传动效率和稳定性得到了显著改善，同时还降低了列车的能耗和维护成本。

③优化传动系统的结构形式

传动系统的结构形式对传动效率和动态响应性有着重要影响。优化传动系统的结构形式可以减小系统的惯性和阻尼，进而提高传动效率和动态响应性，例如一台风力发电机传动系统的结构优化。在风力发电机传动系统中，传统的结构形式存在着重量大、惯性大和阻尼大的问题，导致传动效率低下和动态响应性差。为了改善这一情况，风力发电机制造厂商采用了轻量化设计和结构优化技术，对传动系统进行了重构。通过优化后的传动系统，风力发电机的传动效率得到了显著提高，同时还提高了系统的动态响应性和稳定性。

2. 传动比的优化与设计

（1）传动比的计算与选择

确定传动比是设计传动系统中的关键步骤，它直接影响着系统的性能和效率。在选择传动比时，需要综合考虑多个因素，包括系统的运动要求、功率传递需求以及传动元件的特性等。传动比通常被认为是从动轴的转速与主动轴的转速之比，其大小直接影响着传动效率。一般而言，较大的传动比可以提高传动效率，但也会带来传动系统成本和复杂度的增加。

一是，系统的运动要求对传动比的选择至关重要。不同的应用场景需要不同的运动特性，例如高速运动、高扭矩运动等。传动比的选择应该能够满足系统所需的速度、扭矩和加速度等要求，以确保系统的正常运行和性能优化。

二是，功率传递需求也是确定传动比的重要考虑因素之一。传动比的大小直接影响着功率传递的效率，通常情况下，较大的传动比可以提高功率传递效率。然而，过大的传动比可能会导致系统效率的降低，因为在传动过程中会产生更多的摩擦和能量损失。因此，在选择传动比时，需要根据系统的功率需求和能量损失的平衡，以达到最佳的传动效率。

三是，传动元件的特性也会影响传动比的选择。不同类型的传动元件，如齿轮传动、带传动和链条传动等，其传动效率和特性各有不同。例如齿轮传动通常具有较高的传动效率和精度，而带传动则具有较低的噪音和振动。因此，在选择传动比时，需要考虑传动元件的特性，以确保传动系统的稳定性和可靠性。

（2）传动比的优化与调整

在实际应用中，传动比的优化和调整是确保传动系统性能和效率的重要步骤。为了实现最佳的传动效果，设计者需要根据具体情况采取适当的方法来优化传动比。以下是几种常见的优化和调整方法：一是，采用可调传动装置是一种常见的优化传动比的方法，例如变速箱和行星齿轮传动等可调传动装置可以实现传动比的调节和优化。这些装置可以根据需要在不同的工况下实现不同的传动比，从而满足系统的实际运行需求。二是，结合传动元件的特性和工作条件选择合适的传动比范围也是一种有效的优化方法。不同类型的传动元件具有不同的传动效率和工作特性，因此在选择传动比时需要考虑到这些因素。通过结合传动元件的特性和工作条件，可以确定最佳的传动比范围，以实现最佳的传动效果。三是，结合系统的实际工作需求和性能指标进行传动比的优化设计也是一种重要的方法。设计者需要深入了解系统的实际工作需求和性能指标，分析系统在不同工况下的运行情况，从而确定最佳的传动比设计方案。通过对传动比进行优化设计，可以确保传动系统在不同工况下都能够实现最佳的传动效率，从而提高系统的整体性能和效率。

第三节　机械系统动力学分析的实验研究

一、实验设备与方法介绍

（一）传感器

1. 位移传感器

（1）激光位移传感器

激光位移传感器（Laser Displacement Sensor）作为一种高精度的位移测量装置，已经在工业领域广泛应用。其原理基于激光光束的反射来测量被测物体的位移，具有非接触、高精度和高灵敏度等优点。这些传感器的应用不仅局限于单一的位移测量，还可在机械系统的动力学分析中发挥重要作用，例如测量机械系统中零件的位移、振动幅值和频率等参数，从而帮助分析系统的振动特性和动态响应。

在机械系统的设计和优化中，了解各部件的位移和振动情况至关重要。举例来说，考虑一个高速旋转的机械轴，其位移和振动可能会影响系统的稳定性和性能。通过使用激光位移传感器，可以实时监测轴的位移，并结合其他传感器如加速度计和陀螺仪等，对轴的振动进行全面分析。这样的数据有助于工程师评估系统的动态行为，并采取措施来优化设计，减少振动幅值，提高系统的稳定性和精度。此外，激光位移传感器还可以用于精密加工和装配过程中的定位和测量。在高精度加工领域，如半导体制造和光学组件加工，工件的位置和相对位移对最终产品的质量至关重要。通过将激光位移传感器集成到加工设备中，可以实时监测工件的位置和形状变化，并及时调整加工参数以确保加工精度和一致性。另一个应用领域是在医疗器械中的运动追踪和生物力学研究中。例如在手术机器人或运动捕捉系统中，激光位移传感器可用于跟踪工具或人体部位的运动轨迹，以辅助手术操作或分析人体运动学。通过实时监测器械或身体部位的位移，医生或研究人员可以更准确地控制操作或分析运动模式，从而提高手术成功率或深入理解人体运动机制。

（2）电阻式位移传感器

电阻式位移传感器的工作原理基于材料的电阻随着受力或位移的变化而发生变化。一种常见的电阻式位移传感器是电阻丝传感器，其结构简单，由一个导电丝组成，丝的长度通常与被测物体的位移相关联。当被测物体移动时，导电丝的长度或截面积发生变化，导致电阻值的变化。通过测量电阻值的变化，可以推导出被测物体的位移信息。

虽然电阻式位移传感器具有一定的精度和可靠性，但也存在一些局限性，例如由于电阻丝的长度或截面积的变化通常是线性的，因此在大位移范围内可能会出现测量误差。此外，电阻式传感器对环境因素的影响较大，如温度变化可能导致电阻值的漂移，从而影响测量精度。因此，在应用中需要对环境因素进行补偿或校准，以确保测量的准确性。尽管如此，电阻式位移传感器在许多应用中仍然具有重要的地位。举例来说，在汽车工业中，电阻式位移传感器常用于测量车辆悬挂系统的行程，以监测悬挂系统的运动状态并调整车辆的悬挂硬度，提高行驶舒适性和稳定性。此外，在工程机械中，电阻式位移传感器也常用于监测液压缸的伸缩行程，以实现对机械臂或装载设备的精确控制。

2. 力传感器

（1）压力传感器

压力传感器的工作原理多种多样，常见的原理包括压阻式、电容式、电阻式、压电式等。其中，压阻式压力传感器是一种基于材料电阻随压力变化而变化的原理工作的传感器。当受力物体对传感器施加压力时，传感器内部的材料电阻会随之发生变化，通过测量电阻值的变化，可以推导出受力物体所受的压力大小。这种原理的传感器通常具有结构简单、响应速度快、成本较低的特点，适用于各种压力测量场合。

在机械系统动力学分析中，压力传感器具有广泛的应用。举例来说，考虑一个液压系统，其中包括液压缸、液压泵和液压管路等组件。为了确保系统的稳定性和性能，需要实时监测液压缸受到的压力，并根据实际情况调整液压系统的工作参数。通过安装压力传感器在液压缸上，可以实时监测液压缸的压力变化，从而判断系统的工作状态和负载情况。这样的数据有助于工程师评估系统的受力分布和工作效率，及时发现问题并采取措施加以解决。此外，压力传感器还常用于测量机械结构受力情况。例如在汽车工程中，通过安装压力传感器在车轮轮胎上，可以实时监测车轮与路面接触的压力，从而评估车辆的负载情况和悬挂系统的性能。这样的数据有助于优化车辆的悬挂设计，提高车辆的行驶舒适性和稳定性。

（2）扭矩传感器

扭矩传感器的工作原理多种多样，常见的原理包括应变片式、电容式、电阻式、磁感应式等。其中，应变片式扭矩传感器是一种常见且应用广泛的传感器类型。它利用了材料在受到扭转作用时会发生形变的原理。当受力物体受到扭矩作用时，传感器内部的应变片会发生微小的形变，通过测量形变产生的电信号，可以推导出作用在物体上的扭矩大小。

在机械系统动力学分析中，扭矩传感器具有多种应用，例如在汽车工程中，引擎输出的扭矩是评估车辆性能的重要指标之一。通过安装扭矩传感器在发动机输出轴上，可以实时监测发动机输出的扭矩大小，并根据实际情况调整引擎工作参数，以提高车辆的动力性能和燃油经济性。此外，扭矩传感器还常用于测量传动系统中各个部件的扭矩传递情况。例如在工业生产中的机械传动系统中，通过安装扭矩传感器在轴承或传动轴上，可以实时监测传动系统中各个部件受到的扭矩大小，评估传动系统的工作状态和效率，及时发现问题并采取措施进行修正，从而提高生产效率和设备可靠性。

（二）试验台

1. 结构稳定

（1）稳定性

试验台的稳定性是保证实验数据准确性的基础。试验台应该具备足够的结构稳定性，能够抵抗外部扰动和实验过程中可能产生的惯性力，确保试验台在实验过程中不会发生不稳定或变形现象。这需要在试验台的设计和材料选择上充分考虑结构的强度和刚度。

（2）刚度

试验台的刚度直接影响着其振动特性和动态响应。当试验台的刚度不足时，容易导致试验系统产生过大的振动和共振现象，从而影响实验结果的准确性和可靠性。例如在汽车工程中，如果试验台的刚度不足，可能会导致汽车底盘的振动幅度增加，影响底盘系统的性能评估和悬挂系统的调校。因此，提高试验台的刚度是确保试验结果准确性和可靠性的关键步骤之一。

为了提高试验台的刚度，可以采取多种方法，包括合理选择材料、优化结构设计和增加支撑等。一是，选择高强度、高刚度的材料作为试验台的主要构建材料是提高试验台刚度的关键。常见的材料包括钢铁、铝合金、复合材料等，它们具有良好的刚度和抗振性，能够有效地提高试验台的整体刚度。二是，在试验台的结构设计中，应该采用合理的结构形式和布局，以最大程度地提高试验台的刚度。例如增加试验台的横向和纵向支撑结构，增加结构的稳定性和刚度。同时，通过增加支撑点和加强连接处的结构设计，可以有效地提高试验台的整体刚度和稳定性。例如在航空航天领域，飞机结构的振动特性对于飞行安全至关重要。为了准确评估飞机结构的振动特性和动态响应，在地面试验中通常会使用试验台来模拟飞机结构的振动环境。在这种情况下，试验台的刚度对于准确模拟飞机结构的振动特性非常重要。通过采用高强度的钢铁材料作为试验台的主要构建材料，并采用合理的结构设计，可以有效地提高试验台的刚度，确保试验结果的准确性和可靠性。

2. 载荷模拟

（1）静载荷模拟

机械系统在实际工作中会受到各种静载荷的作用，如自重、外载荷等。为了准确模拟机械系统的工作条件，试验台应该能够模拟这些静载荷的作用。这需要在试验台的设计中考虑到机械系统所受到的静载荷的大小和分布，合理设计试验台的支撑结构和加固部位，确保试验台在静态条件下能够稳定运行。

（2）动载荷模拟

除了静载荷外，机械系统在实际工作中还会受到各种动态载荷的作用，如冲击载荷、振动载荷等。为了准确模拟机械系统的工作条件，试验台应该能够模拟这些动态载荷的作用。这需要在试验台的设计中考虑到动态载荷的大小、频率和作用方式，合理设计试验台的结构和支撑系统，确保试验台能够在动态条件下稳定运行，并且能够记录和分析系统在动态载荷下的响应情况。

二、实验数据分析与结论推断

（一）数据处理

实验数据的处理和分析是对机械系统动力学特性进行研究的关键步骤。常见的数据处理方法包括：

1. 数据清洗

（1）异常值去除

在实验数据中，常常会存在一些异常值，这些异常值可能是由于传感器故障、环境干扰或实验误差等原因导致的。为了保证数据的准确性和可靠性，需要对这些异常值进行去除。数据清洗过程中，可以利用统计学方法或者专业领域知识对数据进行分析，识别和排除异常值，保留有效数据。

（2）噪声干扰滤除

实验数据中常常会受到各种噪声干扰，如电磁干扰、机械振动干扰等，这些干扰会影响数据的准确性和可靠性。因此，需要对数据进行滤波处理，去除噪声干扰，保留有效信号。常用的滤波方法包括移动平均滤波、中值滤波、小波变换等。

2. 数据分析

（1）统计学方法分析

统计学方法是对实验数据进行分析的重要手段之一。通过统计学方法，可以对数据进行描述性统计、推断性统计等分析，揭示数据的分布规律和特征。常见的统计学方法包括均值、方差、频率分布、相关性分析等。

（2）信号处理方法分析

信号处理方法是对实验数据进行分析的另一种重要手段。通过信号处理方法，可以对数据进行时域分析、频域分析、波形分析等，揭示数据的时序特征和频谱特征。常见的信号处理方法包括傅里叶变换、小波变换、自相关分析等。

（二）结论推断

1. 评价机械系统的振动特性

（1）固有频率分析

根据实验数据的振动响应曲线，可以确定机械系统的固有频率。固有频率是指机械系统在无外力作用下的自然振动频率，它反映了系统的结构特性和刚度。通过对固有频率的分析，可以评价机械系统的结构设计是否合理，是否存在共振问题。

（2）振幅评估

根据实验数据中的振幅值，可以评估机械系统在振动过程中的振幅大小。振幅大小直接影响着系统的稳定性和工作效率，过大的振幅可能会导致系统的磨损和损坏。因此，对振幅的评估是评价机械系统振动特性的重要指标之一。

（3）阻尼比分析

通过对实验数据中的振动曲线进行阻尼比分析，可以评价机械系统的阻尼特性。阻尼比是描述系统振动衰减速度的重要参数，它反映了系统的能量耗散情况。较大的阻尼比可以有效抑制系统的振动，提高系统的稳定性和可靠性。

2. 分析机械系统在不同载荷条件下的动态响应

（1）载荷响应曲线分析

根据实验数据中不同载荷条件下的振动响应曲线，可以分析机械系统在不同载荷条件下的动态响应特性。通过对载荷响应曲线的比较，可以评价系统在不同工况下的稳定性和工作性能。

（2）稳定性评估

根据实验数据分析结果，可以评估机械系统在不同载荷条件下的稳定性。稳定性是指系统在外部干扰或负载变化下保持平衡的能力，稳定性较好的系统具有较小的振动幅度和较快的恢复速度。

三、典型案例分析

在以下案例中，设计了一种针对 3D 打印机打印回转体类型零件速度慢、插补复杂、效率低等缺陷的新型 3D 打印机。该打印机由底座、行星齿轮组、Z 轴运动机构、横向丝杠机构和料架等组成，旨在通过提高打印喷头数量来提高打印速度，并通过运动学虚拟仿真分析验证其运动可行性。

（一）柱坐标系多喷头 3D 打印机的结构设计

案例设计了一种在柱坐标系下的多喷头 3D 打印机，可以多个喷头共同进行打印工作，实现多种分层结构或协同的打印工作。如图 3-2 所示，底座由支撑架、固定环和打印平台组成。固定环外侧是行星轨道小行星齿轮在 Z 轴运动机构下方固定。2 个 Z 轴运动机构上面承接料架，下面通过小行星齿轮与底座的行星齿轮形成回转结构，为旋转副。Z 轴运动结构为运动副由步进电机驱动在 Z 轴上下运动。横向架梁机构夹在 Z 轴运动中间为运动副，负责挤出机的横向运动，利用丝杠运动配合步进电机进行驱动。

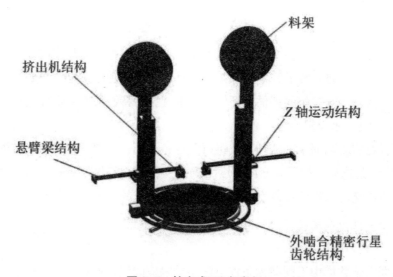

图 3-2　柱坐式 3D 打印机

此结构大部分打印机的空间直角坐标系转化为柱面坐标系（图3-2）。在此坐标系下圆形曲线和矩阵变换易于表达。

（二）运动学仿真

1. 同面打印

同面打印可以在相同的平面上打印，互相不干扰，可以增加打印效率。喷头轨迹的计算是基于空间柱坐标系，因此其打印曲线的速率与精度比普通结构的打印机都有明显改善，该结构的打印机十分适合制作轴类等回转类零件。本实例2个柱座同时打印阿基米德螺线。打印过程如图3-3（a）所示。

图3-3（b）为理论打印曲线，通过对驱动函数的设置，可以打印出同一个平面内的曲线。通过曲线之间的叠加组合，打印回转体零件的效率会大大增加。在打印过程中对2个喷头的位移和速度曲线进行比较分析，运动过程平滑无突变，由曲线可以看出在0～10s的时候位移比较大，这是因为2个喷头要在工作台上的参考点处，2个喷头在空间上的位置不相同，所以在回参考点的时候位移不相同。在20s的时候位移和速度曲线呈简谐运动曲线。2个喷头在同一工作面的时候，2个柱座下面的行星齿轮电机开始运动，围绕工作台作匀速运动，所以得到的曲线呈简谐运动曲线。在悬臂梁上由丝杠固定的挤出机，在运动过程中可能会出现振动现象，所以在丝杠和挤出机的连接点处测量丝杠上受到力的状况。但由于造成的震动较小，整体受力曲线平滑无突变，受到的力在丝杠强度允许范围内，满足设计要求。

喷头 A 打印轨迹
喷头
B 打印轨迹

（a）同面打印示意图　　　　　　　　　（b）理论打印曲线

图3-3　工作示意图

2. 协同打印

在实际生产中，为加快生产效率。打印机的两个喷头可以相互协助，喷头 A 打印 A 层，喷头 B 打印 B 层，通过专用的切片软件，可以将物体模型的界面轮廓和路径轨迹输入到控制系统里，通过系统分析将模型的数据分别输入到2个喷

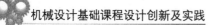

头，喷头 A 先打印一部分，喷头 B 打印在喷头 A 的路径上，实现逐层堆积。最终实现模型零件的打印工作。这样就实现了双层同时打印的动作。提高了打印的工作效率和工作速度。理论上是双倍效率，实际效率在 1.5 ~ 1.8 倍，因为喷头 B 跟随喷头 A 打印，有一定的滞后性。可以根据太阳轮的尺寸，增加喷头的数量，实现 2 个以上的喷头打印，可极大限度地提高打印效率。在 ADAMS 中设置运动副的驱动函数，运动轨迹如图 3-4 所示。2 个喷头在同一运动轨迹上后，行星电机绕工作台匀速运动，设置好打印件的层高等参数，纵向电机就会旋转 1 个步距角，逐层向上完成打印工作。

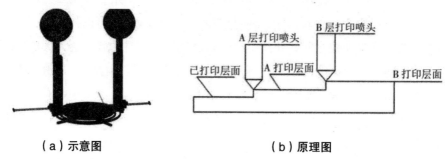

（a）示意图　　　　　　　　　　（b）原理图

图 3-4　协同打印

本案例所设计的 3D 打印机，基于柱坐标系设计。主要采取外啮合行星齿轮的方法，使 2 个柱座在工作台上实现打印工作。在柱座上采用悬臂梁结构，实现喷头在工作台上的打印工作。案例主要通过 ADAMS 运动仿真针对 3D 打印机在工作过程中的 3 种情况做了运动学仿真，分析运动工作的可行性，然后对 2 个喷头的位移、速度曲线、挤出机和丝杠连接点的受力情况进行分析。3 种工作过程的仿真结果都满足打印机的要求，并且工作过程中丝杠所受到的力均在强度校核所预设的力之内，所以该 3D 打印机可以顺利运行。

（三）案例的意义和启示

1. 验证设计方案的可行性

通过运动学仿真，成功验证了设计方案的可行性和有效性。这为实际制造提供了重要的参考依据。在设计阶段通过仿真验证，可以发现和解决潜在问题，避免在实际制造中出现不必要的错误和延误。

2. 提高打印机稳定性和准确性

采用柱坐标系结构和多喷头设计，有效提高了打印机的稳定性和准确性。柱坐标系结构转化了传统的空间直角坐标系，使得圆形曲线和矩阵变换易于表达，从而提高了打印的精度和稳定性。多喷头设计则使得打印机能够同时进行多个喷头的协同工作，提高了打印速度和效率。这些措施都有助于保证打印品质，提高产品的可靠性。

3. 指导实际制造的优化

通过仿真分析，为设计优化提供了重要的指导。可以在设计阶段发现和解决潜在问题，指导实际制造的优化方向。这有助于提高制造效率和质量，减少资源浪费和成本开支。

4. 制造领域的应用和推广

本案例的设计方案和仿真分析不仅适用于 3D 打印机领域，还可以在其他制造领域进行推广应用。柱坐标系结构和多喷头设计的思想可以应用于各种机械加工设备和自动化生产线的设计与优化中，为制造业的发展提供新的思路和方法。

5. 学术研究的参考和借鉴

本案例提供了一个具体的案例，展示了运动学仿真在设计优化和制造过程中的重要作用。对于相关领域的学术研究具有参考和借鉴意义，为相关领域的研究提供了新的思路和方法。

6. 不断创新的动力

通过本案例的设计和仿真分析，展示了不断创新的动力和潜力。在制造业不断发展和变革的背景下，需要不断探索新的设计方案和优化方法，以应对市场的需求和挑战。

第四章 机械设计的制造技术

第一节 机械制造的基本过程和工艺

一、机械制造与机械设备加工工艺的重要性

（一）制造效率的提高

机械制造与机械设备加工工艺的重要性不容忽视。首先，优化这些工艺直接有助于提高制造效率。通过科学合理的工艺设计和制造流程的优化，生产周期可以被大幅缩短，生产效率也能够得到明显提升。这对企业来说至关重要，因为高效的机械制造工艺可以确保产品的质量和数量，从而保证企业按时交付客户订单，提高市场竞争力。通过提高制造效率，企业能够更好地应对市场需求的波动，提高生产能力，同时降低生产成本，从而实现更高的利润率。因此，机械制造与机械设备加工工艺的不断优化和创新对企业的长期发展至关重要。

（二）产品质量的保障

机械制造与机械设备加工工艺的重要性还体现在产品质量的保障方面。在机械制造过程中，每个加工环节都需要严格的控制和操作，而合理的机械制造与机械设备加工工艺能够确保产品的高精度和卓越质量。通过采用适当的加工工艺，可以显著减少产品的缺陷率，提高产品的可靠性和耐久性。这对于企业来说具有重要意义，因为卓越的产品质量不仅有助于增强企业的声誉，还提高了客户的满意度。高品质的产品能够满足客户需求，建立长期客户忠诚度，并促进口碑传播，从而为企业创造更多的商机和市场竞争力。

（三）资源利用的最优化

优化的机械制造与机械设备加工工艺可以帮助企业更好地利用资源。通过降低废品率、提高加工利用率，企业可以减少资源的浪费，降低生产成本。合理的工艺设计还可以选择更加环保、节能的加工方法，降低对环境的影响，实现可持

续发展。通过资源的最优化利用，企业不仅可以提高经济效益，还能为社会和环境作出贡献。

二、机械制造工艺要点

（一）电阻焊接技术

首先，电阻焊接技术是一种基于电流和热量的金属连接方法。在施工过程中，首要考虑的是合适的电流密度，这直接影响焊接效果。一般来说，较大的电流密度可使焊接更快，但也增加了材料变形和可能产生的缺陷风险。因此，施工时需要仔细控制电流密度，通常以热输入（电流乘以时间）来进行精确调节。同时，在电阻焊接中，电流通过工件产生热量，必须确保工件表面的电接触良好。施工过程中要注意清洁工件表面，以消除氧化层和杂质，确保电流传递的畅通，从而提高焊接质量。此外，电阻焊接涉及不同材料的连接，施工时需要考虑材料选择。不同材料的热传导性和熔点不同，需要采用适当的电流和焊接时间以避免损坏材料。例如对于焊接不同金属的情况，要根据它们的特性选择合适的电流强度和焊接时间。最后，电阻焊接施工中需要关注焊接后的残余应力。过大的残余应力可能导致零件变形或裂纹，因此在施工后通常需要进行合适的热处理或冷却过程，以减轻残余应力并确保焊接连接的稳定性。

（二）气体保护焊接工艺

首先，气体保护焊接工艺是一种通过使用保护气体（通常是氩气、氦气和二氧化碳的混合气体）来保护焊接区域免受空气中的氧、水蒸气等污染物影响的高度精密焊接方法。这种工艺主要用于焊接不锈钢、铝合金等高反射率和易氧化材料，确保焊接质量。与传统焊接方法相比，气体保护焊接具有低氢含量、低氧含量、低气孔率等优势，确保焊缝质量和机械性能。同时，在气体保护焊接中，焊接参数的选择至关重要。施工时需要精确控制焊接电流、电压和气体流量，以确保焊接过程的稳定性和焊缝的质量。合适的电流和电压可以确保焊接熔深和焊透，而适当的气体流量则保障了焊接区域的充分保护。此外，焊接材料的选择也是施工中的关键要点。不同的材料需要使用相应的焊丝或焊条，而且需要根据材料特性和焊接要求选择合适的保护气体组合。例如不锈钢的焊接，通常使用氩气作为保护气体，以防止材料在高温下发生氧化反应。最后，焊接环境的清洁度也是影响气体保护焊接质量的因素。在施工现场，需要避免风吹、杂质进入焊接区域，以免影响焊接质量。同时，焊前的工件表面处理非常重要，需要将表面污垢、油脂等清除，以确保焊接的牢固性。

（三）螺柱焊

首先，螺柱焊是一种高精度连接技术，广泛应用于机械工程中，要求焊接牢固、精准度高。在施工中，焊接材料的选择至关重要。根据应用需求，通常选用高强度合金钢作为焊接材料，这可以确保连接的强度和耐腐蚀性。例如使用类似304不锈钢的高品质钢材进行螺柱焊，可以保证连接的长期稳定性，满足高要求环境下的使用需求。同时，焊接温度和保护气体的选择也是施工中的关键因素。对于不同类型的合金钢，有特定的焊接温度范围，超出这个范围可能导致焊接材料性能的下降。在实际施工焊接过程中需要精确控制温度，确保焊接区域在合适的温度范围内。此外，选择合适的保护气体，如氩气，以避免氧化并保持焊接区域的纯净度，从而确保焊接的质量。此外，焊接速度和焊接压力的控制也是施工中的关键。根据焊接材料的特性，需要确定合适的焊接速度和压力，以确保焊接接头的牢固性和稳定性。例如在高温高压环境下，适当提高焊接速度和压力，可以获得更好的焊接效果。

三、机械设备加工工艺要点

（一）高精度研磨工艺

1.高精度研磨工艺的应用领域

高精度研磨工艺在多个领域得到广泛应用，其中最显著的包括航空航天、汽车和光学设备制造。在航空航天领域，各种航空发动机零部件，如涡轮叶片、轴承座和涡轮壳体等，都需要高精度研磨工艺来确保其在极端环境下的稳定性和可靠性。汽车制造中，发动机缸体、凸轮轴和传动轴等零部件的研磨要求也非常严格，以确保发动机的性能和耐久性。光学设备制造中，如望远镜、激光器和光学仪器等，高精度研磨工艺是保证其光学性能和精度的关键步骤。因此，高精度研磨工艺在这些领域的应用对于提高产品质量和性能具有重要意义。

2.关键要点和技术手段

高精度研磨工艺的关键要点和技术手段主要包括以下几个方面：

（1）精密加工设备

高精度数控磨床是实现高精度研磨工艺的关键设备之一。这些数控磨床具有极高的加工精度和稳定性，能够满足零部件表面粗糙度在 Ra0.2μm 以下的要求。例如在航空航天领域，涡轮叶片等高精度零部件的加工通常采用高精度数控磨床，以确保零部件的精度和表面质量。

（2）合适的磨削轮选择

选择合适的磨削轮对于实现高精度研磨工艺至关重要。金刚石磨削轮因其高硬度和耐磨性而被广泛应用于高精度研磨工艺中。例如在光学器件制造中，采用金刚石磨削轮可以实现对光学玻璃表面的高精度研磨，确保其表面光洁度和平整度。

（3）优质的冷却液应用

高效的冷却液在高精度研磨工艺中起着重要作用。冷却液能够有效降低磨削过程中的摩擦温度，防止零部件表面的热损伤和变形。同时，冷却液还能有效清洗磨削产生的切屑和颗粒，保持加工表面的清洁。例如在汽车发动机缸体的研磨过程中，采用高效冷却液可以有效降低摩擦热量，保证研磨后的缸体表面光洁度和平整度。

（4）精细的操作技巧

高精度研磨工艺需要操作人员具备精细的操作技巧和经验。操作人员需要严格按照工艺要求进行操作，合理控制加工参数，确保零部件表面的平整度和精度。例如在光学镜片的研磨过程中，操作人员需要根据实际情况调整磨削轮的转速和进给速度，以实现对镜片表面的高精度加工。

（二）精密切削工艺

精密切削工艺作为一种高度精细的加工方法，在制造高精度零部件方面发挥着重要作用。其在航空航天、汽车发动机以及光学设备制造等领域的应用，旨在实现对工件尺寸和形状的极高精度要求，以确保产品的性能和可靠性。然而，精密切削工艺并非一蹴而就，而是需要多方面的技术手段和优化措施，下面将从切削设备、刀具选择、切削参数控制以及实例分析等方面展开探讨。

1. 切削设备的选择

精密切削工艺的成功实施离不开高精度的切削设备支持。通常情况下，高精度数控车床和加工中心是实现精密切削的主要设备。这些设备具有极高的加工精度和稳定性，能够满足零部件尺寸精度在 ±0.002mm 以内的要求。例如高精度数控车床的加工精度可达到 0.001mm，而高精度加工中心的定位精度，甚至可以达到 5μm 以内，为高精度零部件的加工提供了可靠保障。

2. 刀具选择与切削参数控制

在精密切削工艺中，刀具的选择至关重要。通常情况下，硬质合金刀具被广泛应用于高精度切削。这种刀具具有高硬度和耐磨性，能够保持切削刃口的锋利度，提高加工质量。同时，硬质合金刀具的使用寿命比普通刀具更长，降低了切削成本。此外，切削速度和进给速度的精确控制也是实现高精度切削的关键。较高的切削速度可以提高生产效率，而适当的进给速度可以确保切削质量。通过数据监测和自动控制系统，可以实现对切削速度和进给速度的精确控制，从而确保了零部件的高精度加工。例如在汽车发动机制造领域，活塞环的制造通常需要采用精密切削工艺。活塞环是发动机中关键的密封元件，其加工精度直接影响着发动机的性能和耐久性。采用高精度数控车床和硬质合金刀具，结合精确的切削参数控制，可以实现对活塞环的高精度加工，确保其尺寸精度在 ±0.002mm 以内，从而保证了发动机的可靠性和稳定性。

（三）图纸分析工艺

首先，图纸分析工艺是机械设备加工中的关键步骤。在实际施工中，首要任务是仔细研究机械零部件的图纸。这包括尺寸、形状、材料规格、工艺要求等各项信息。通过仔细分析图纸，工程师可以确定加工步骤和所需的工具。同时，图纸分析要求了解加工的精度和质量标准。根据不同的图纸要求，工程师需要选择合适的加工工艺，确保最终零部件的精度和质量满足要求。例如在航空航天领域，零部件的精度和质量标准通常非常高，要求采用精密加工工艺，如电火花加工或激光切割，以满足要求。此外，图纸分析还包括确定加工顺序。通过分析零部件的不同特点，确定哪些工序需要先进行，哪些可以并行进行，以提高生产效率。同时，要考虑到材料切削、热处理、表面处理等加工过程的顺序，以确保零部件的质量和稳定性。另一方面，材料的选择也是图纸分析的一部分。根据零部件的用途、工作环境和负荷要求，选择合适的材料，以确保零部件具备所需的强度、耐磨性和耐腐蚀性。这些关键要点对于成功完成机械设备加工工艺至关重要，确保零部件的精度、质量和性能符合要求。

第二节　机械零件的加工和装配技术

一、加工技术概述：传统加工与现代加工技术比较

（一）传统加工技术

1.铣削

铣削是指使用旋转的多刃刀具切削工件，是高效率的加工方法。工作时刀具旋转（作主运动），工件移动（作进给运动），工件也可以固定，但此时旋转的

刀具还必须移动（同时完成主运动和进给运动）。铣削用的机床有卧式铣床或立式铣床，也有大型的龙门铣床。这些机床可以是普通机床，也可以是数控机床。用旋转的铣刀作为刀具的切削加工。铣削一般在铣床或镗床上进行，适于加工平面、沟槽、各种成形面（如花键、齿轮和螺纹）和模具的特殊形面等。铣床种类如下：

（1）按其结构分类

①台式铣床：小型的用于铣削仪器、仪表等小型零件的铣床。

②悬臂式铣床：铣头装在悬臂上的铣床，床身水平布置，悬臂通常可沿床身一侧立柱导轨作垂直移动，铣头沿悬臂导轨移动。

③滑枕式铣床：主轴装在滑枕上的铣床，床身水平布置，滑枕可沿滑鞍导轨作横向移动，滑鞍可沿立柱导轨作垂直移动。

④龙门式铣床：床身水平布置，其两侧的立柱和连接梁构成门架的铣床。铣头装在横梁和立柱上，可沿其导轨移动。通常横梁可沿立柱导轨垂向移动，工作台可沿床身导轨纵向移动。用于大件加工。

⑤平面铣床：用于铣削平面和成型面的铣床，床身水平布置，通常工作台沿床身导轨纵向移动，主轴可轴向移动。它结构简单，生产效率高。

⑥仿形铣床：对工件进行仿形加工的铣床。一般用于加工复杂形状工件。

⑦升降台铣床：具有可沿床身导轨垂直移动的升降台的铣床，通常安装在升降台上的工作台和滑鞍可分别作纵向、横向移动。

⑧摇臂铣床：摇臂装在床身顶部，铣头装在摇臂一端，摇臂可在水平面内回转和移动，铣头能在摇臂的端面上回转一定角度的铣床。

⑨床身式铣床：工作台不能升降，可沿床身导轨作纵向移动，铣头或立柱可作垂直移动的铣床。

⑩专用铣床：如工具铣床，用于铣削工具模具的铣床，加工精度高，加工形状复杂。

（2）按控制方式分类

①升降台铣床有万能式、卧式和立式几种，主要用于加工中小型零件，应用最广；

②龙门铣床包括龙门铣镗床、龙门铣刨床和双柱铣床，均用于加工大型零件；

③单柱铣床的水平铣头可沿立柱导轨移动，工作台作纵向进给；

④单臂铣床的立铣头可沿悬臂导轨水平移动，悬臂也可沿立柱导轨调整高度。单柱铣床和单臂铣床均用于加工大型零件；

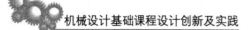

⑤仪表铣床是一种小型的升降台铣床，用于加工仪器仪表和其他小型零件；

⑥工具铣床主要用于模具和工具制造，配有立铣头、万能角度工作台和插头等多种附件，还可进行钻削、镗削和插削等加工。其他铣床还有键槽铣床、凸轮铣床、曲轴铣床、轧辊轴颈铣床和方钢锭铣床等，它们都是为加工相应的工件而制造的专用铣床。

2. 车削

车削，又称车床加工，是机械制造行业中运用最广的一类加工方式。它的工作原理即用车刀对被加工件进行切削加工，并且由于加工件在加工过程中属于旋转的状态，能够保证加工件各加工面的精度都能达到图纸要求的形位公差。

（1）细分概念

机械加工分粗、精加工，同样的，车削中也有这个细分概念。精车削力求高切速的条件下，采用小的切削深度和进给量加工，能够高稳定性，高精度的效果，若是使用精修的金刚石车刀在这种条件下车削有色金属，就能够达到镜面的效果。粗车削则是在切速不改变的情况下，改变切削深度和进给量，采用大的切削深度和进给量加工被加工件，但加工精度不高。

（2）车削加工的优点

车削加工的优点也有很多，例如它的刀具简单，切刀制造和安装都相对简易。车削过程中工艺相对平稳，能够采用较高的切速和切削用量，提高了生产效率。同时，由于精车削能够达到镜面的效果，更加适用于有色金属的精密机械加工，制造出外表美观的精密零件。

（3）车削和铣削的区别

机械加工中还有一种加工方式容易与车削混淆——"铣削"，铣削是以圆形多刃的刀具旋转切削工件，一般来说是刀具旋转，操作员操作被固定在工件台的工件进行加工。因此铣削适用于加工平面、沟槽以及各种成形面。而车削，一般是工件旋转，刀具作直线或曲线平移运动进行加工，适用于盘、轴和各种具有回转表面的工件。

3. 钻削

钻削是孔加工的一种基本方法，钻孔经常在钻床和车床上进行，也可以在镗床或铣床上进行。常用的钻床有台式钻床、立式钻床和摇臂钻床。

（1）钻削机床的类型和特点

①台式钻床

台式钻床适用于小型工件的钻削，通常具有简单的结构和较小的功率。它的主轴通常垂直于工作台面，可进行垂直钻孔操作。这种钻床结构简单，操作方便，适用于一些简单的孔加工需求。

②立式钻床：

立式钻床的主轴垂直于地面，工件在工作台上固定，适用于较大型工件的钻削。立式钻床通常具有较大的功率和稳定的结构，可用于较大直径和深度的孔加工。它的结构稳定，能够承受较大的加工力，适用于对加工精度和效率要求较高的场合。

③摇臂钻床：

摇臂钻床的特点是有一个可移动的臂架，主轴通常位于臂架的一端，能够实现较大范围内的钻孔操作。摇臂钻床适用于一些需要灵活操作的场合，如对大型工件的钻削或多孔加工。

（2）钻削工艺的优化与实践

钻削工艺的优化对于提高加工效率和保证加工质量至关重要。一方面，合理选择钻头和切削参数是提高钻削效率的关键。例如对于不同材料和孔径大小的工件，需要选择适当的钻头材料、几何形状和涂层，以及合适的切削速度、进给速度和切削深度，以确保加工过程中的切削稳定性和工件表面质量。另一方面，良好的刀具管理和冷却液使用也是优化钻削工艺的重要环节。定期检查和更换钻头、保持刀具的清洁和锋利度，可以有效延长刀具寿命和提高加工质量。同时，合理选择和使用冷却液可以降低切削温度、减少刀具磨损和延长刀具寿命，保证加工过程的稳定性和一致性。

（二）现代加工技术

1. 数控加工

数控加工，是指在数控机床上进行零件加工的一种工艺方法，数控机床加工与传统机床加工的工艺规程从总体上说是一致的，但也发生了明显的变化。用数字信息控制零件和刀具位移的机械加工方法。它是解决零件品种多变、批量小、形状复杂、精度高等问题和实现高效化和自动化加工的有效途径。

（1）数控加工的概述

数控技术起源于航空工业的需要，20世纪40年代后期，美国一家直升机公司提出了数控机床的初始设想，1952年美国麻省理工学院研制出三坐标数控铣床。50年代中期这种数控铣床已用于加工飞机零件。60年代，数控系统和程序编制工作日益成熟和完善，数控机床已被用于各个工业部门，但航空航天工业始终是数控机床的最大用户。一些大的航空工厂配有数百台数控机床，其中以切削机床为主。数控加工的零件有飞机和火箭的整体壁板、大梁、蒙皮、隔框、螺旋桨以及航空发动机的机匣、轴、盘、叶片的模具型腔和液体火箭发动机燃烧室的特型腔面等。数控机床发展的初期是以连续轨迹的数控机床为主，连续轨迹控制又称轮廓控制，要求刀具相对于零件按规定轨迹运动。以后又大力发展点位控制数控机床。点位控制是指刀具从某一点向另一点移动，只要最后能准确地到达目标而不管移动路线如何。

（2）特点和效益

数控机床一开始就选定具有复杂型面的飞机零件作为加工对象，解决普通的加工方法难以解决的关键。数控加工的最大特点是用穿孔带（或磁带）控制机床进行自动加工。由于飞机、火箭和发动机零件各有不同的特点：飞机和火箭的零、构件尺寸大、型面复杂；发动机零、构件尺寸小、精度高。因此飞机、火箭制造部门和发动机制造部门所选用的数控机床有所不同。在飞机和火箭制造中以采用连续控制的大型数控铣床为主，而在发动机制造中既采用连续控制的数控机床，也采用点位控制的数控机床（如数控钻床、数控镗床、加工中心等）。

数控加工有下列优点：

①大量减少工装数量，加工形状复杂的零件不需要复杂的工装。如要改变零件的形状和尺寸，只需要修改零件加工程序，适用于新产品研制和改型。

②加工质量稳定，加工精度高，重复精度高，适应飞行器的加工要求。

③多品种、小批量生产情况下生产效率较高，能减少生产准备、机床调整和工序检验的时间，而且由于使用最佳切削量而减少了切削时间。

④可加工常规方法难以加工的复杂型面，甚至能加工一些无法观测的加工部位。

数控加工的缺点是机床设备费用昂贵，要求维修人员具有较高水平。

2. 激光加工

激光雕刻加工是激光系统最常用的应用。根据激光束与材料相互作用的机理，大体可将激光加工分为激光热加工和光化学反应加工两类。激光热加工是指利用激光束投射到材料表面产生的热效应来完成加工过程，包括激光焊接、激光雕刻切割、表面改性、激光镭射打标、激光钻孔和微加工等；光化学反应加工是指激光束照射到物体，借助高密度激光高能光子引发或控制光化学反应的加工过程。包括光化学沉积、立体光刻、激光雕刻刻蚀等。

（1）原理

激光加工是利用光的能量经过透镜聚焦后在焦点上达到很高的能量密度，靠光热效应来加工的。激光加工不需要工具、加工速度快、表面变形小，可加工各种材料。用激光束对材料进行各种加工，如打孔、切割、划片、焊接、热处理等。某些具有亚稳态能级的物质，在外来光子的激发下会吸收光能，使处于高能级原子的数目大于低能级原子的数目—粒子数反转，若有一束光照射，光子的能量等于这两个能级相对应的差，这时就会产生受激辐射，输出大量的光能。

（2）特点

与传统加工技术相比，激光加工技术具有材料浪费少、在规模化生产中成本效应明显、对加工对象具有很强的适应性等优势特点。在欧洲，对高档汽车车壳与底座、飞机机翼以及航天器机身等特种材料的焊接，基本采用的是激光技术。

①激光功率密度大，工件吸收激光后温度迅速升高而熔化或汽化，即使熔点高、硬度大和质脆的材料（如陶瓷、金刚石等）也可用激光加工；

②激光头与工件不接触，不存在加工工具磨损问题；

③工件不受应力，不易污染；

④可以对运动的工件或密封在玻璃壳内的材料加工；

⑤激光束的发散角可小于1毫弧，光斑直径可小到微米量级，作用时间可以短到纳秒和皮秒，同时，大功率激光器的连续输出功率又可达千瓦至十千瓦量级，因而激光既适于精密微细加工，又适于大型材料加工；

⑥激光束容易控制，易于与精密机械、精密测量技术和电子计算机相结合，实现加工的高度自动化和达到很高的加工精度；

⑦在恶劣环境或其他人难以接近的地方，可用机器人进行激光加工。

（3）优势

激光加工属于无接触加工，并且高能量激光束的能量及其移动速度均可调，因此可以实现多种加工的目的。它可以对多种金属、非金属加工，特别是可以加工高硬度、高脆性及高熔点的材料。激光加工柔性大主要用于切割、表面处理、焊接、打标和打孔等。激光表面处理包括激光相变硬化、激光熔敷、激光表面合金化和激光表面熔凝等。

激光加工技术主要有以下独特的优点：

①使用激光加工，生产效率高，质量可靠，经济效益。

②可以通过透明介质对密闭容器内的工件进行各种加工；在恶劣环境或其他人难以接近的地方，可用机器人进行激光加工。

③激光加工过程中无"刀具"磨损，无"切削力"作用于工件。

④可以对多种金属、非金属加工，特别是可以加工高硬度、高脆性及高熔点

的材料。

⑤激光束易于导向、聚焦实现作各方向变换，极易与数控系统配合、对复杂工件进行加工，因此它是一种极为灵活的加工方法。

⑥无接触加工，对工件无直接冲击，因此无机械变形，并且高能量激光束的能量及其移动速度均可调，因此可以实现多种加工的目的。

⑦激光加工过程中，激光束能量密度高，加工速度快，并且是局部加工，对非激光照射部位没有或影响极小，因此，其热影响区小，工件热变形小，后续加工量小。

⑧激光束的发散角可 <1 毫弧，光斑直径可小到微米量级，作用时间可以短到纳秒和皮秒，同时，大功率激光器的连续输出功率又可达千瓦至 10kW 量级，因而激光既适于精密微细加工，又适于大型材料加工。激光束容易控制，易于与精密机械、精密测量技术和电子计算机相结合，实现加工的高度自动化和达到很高的加工精度。

激光加工技术已在众多领域得到广泛应用，随着激光加工技术、设备、工艺研究的不断深进，将具有更广阔的应用远景。由于加工过程中输入工件的热量小，所以热影响区和热变形小；加工效率高，易于实现自动化。

（4）应用

激光技术与原子能、半导体及计算机一起，是 20 世纪最负盛名的四项重大发明。

激光作为上世纪发明的新光源，它具有方向性好、亮度高、单色性好及高能量密度等特点，已广泛应用于工业生产、通讯、信息处理、医疗卫生、军事、文化教育和科研等方面。据统计，从高端的光纤到常见的条形码扫描仪，每年与激光相关产品和服务的市场价值高达上万亿美元。中国激光产品主要应用于工业加工，占据了 40% 以上的市场空间。

激光加工作为激光系统最常用的应用，主要技术包括激光焊接、激光切割、表面改性、激光打标、激光钻孔、微加工及光化学沉积、立体光刻、激光刻蚀等。

激光加工设备就是利用激光加工技术改造传统制造业的关键技术设备之一，主要产品则包括各类激光打标机、焊接机、切割机、划片机、雕刻机、热处理机、三维成型机和毛化机等。这类产品已经或正在进入各工业领域。

①在服装行业的应用

因为激光加工工艺具有自动化程度高、加工精确高、速度快、效率高、操作简单方便等特点，适应了国际服装生产技术潮流，所以激光加工技术以及设备正在以惊人的速度在服装行业内得到推广和普及。

a. 激光切割应用

激光切割过程中，不会使布料变形或起皱，激光切割尺寸精度高，激光切割形状可随着图稿进行任意更改，增加了设计的实用性和创造性。另外，激光切割技术是用"激光刀"代替金属刀，激光切割任何面料，能瞬间将切口熔化并凝固，缝隙小、精确度高达到自动"锁边"的功能。传统工艺用刀模切割或热加工，切口易脱丝、发黄、发硬。

b. 激光雕刻应用

激光雕刻是利用软件技术，按设计图稿输入数据进行自动雕刻。激光雕刻是激光加工技术在服装行业中运用最成熟、最广泛的技术，能雕刻任何复杂图形标志，还可以进行射穿的镂空雕刻和表面雕刻，从而雕刻出深浅不一、质感不同、具有层次感和过渡颜色效果的各种图案。

c. 激光打标应用

激光打标具有打标精度高、速度快、标记清晰等特点。激光打标兼容了激光切割、雕刻技术的各种优点，可以在各种材料上进行精密加工，还可以加工尺寸小且复杂的图案，激光标记具有永不磨损的防伪性能。

② 激光加工在电子行业应用

激光加工技术属于非接触性加工方式，所以不产生机械挤压或机械应力，特别符合电子行业的加工要求。另外，还由于激光加工技术的高效率、无污染、高精度、热影响区小，因此在电子工业中得到广泛应用。

a. 激光划片

激光划片技术是生产集成电路的关键技术，其划线细、精度高（线宽为 15-25μm，槽深 5-200μm）、加工速度快（可达 200mm/s），成品率达 99.5% 以上。集成电路生产过程中，在一块基片上要制备上千个电路，在封装前要把它们分割成单个管芯。传统的方法是用金刚石砂轮切割，硅片表面因受机械力而产生辐射状裂纹。用激光划线技术进行划片，把激光束聚焦在硅片表面，产生高温使材料汽化而形成沟槽。通过调节脉冲重叠量可精确控制刻槽深度，使硅片很容易沿沟槽整齐断开，也可进行多次割划而直接切开。由于激光被聚焦成极小的光斑，热影响区极小，切划 50μm 深的沟槽时，在沟槽边 25μm 的地方温升不会影响有源器件的性能。激光划片是非接触加工，硅片不会受机械力而产生裂纹。因此可以达到提高硅片利用率、成品率高和切割质量好的目的。还可用于单晶硅、多晶硅、非晶硅太阳能电池的划片，以及硅、锗、砷化镓和其他半导体衬底材料的划片与切割。

b. 激光微调

激光微调技术可对指定电阻进行自动精密微调，精度可达 0.01%—0.002%，比传统方法的精度和效率高，成本低。集成电路、传感器中的电阻是一层电阻薄膜，制造误差达 15—20%，只有对之进行修正，才能提高那些高精度器件的成品率。激光可聚焦成很小的光斑，能量集中，加工时对邻近的元件热影响极小，不产生污染，又易于用计算机控制，因此可以满足快速微调电阻使之达到精确的预定值的目的。加工时将激光束聚焦在电阻薄膜上，将物质汽化。微调时首先对电阻进行测量，把数据传送给计算机，计算机根据预先设计好的修调方法指令光束定位器使激光按一定路径切割电阻，直至阻值达到设定值，同样可以用激光技术进行片状电容的电容量修正及混合集成电路的微调。优越的定位精度，使激光微调系统在小型化精密线形组合信号器件方面提高了产量和电路功能。

c. 激光打标

激光打标是利用高能量密度的激光对工件进行局部照射，使表层材料汽化或发生颜色变化的化学反应，从而留下永久性标记的一种打标方法。激光打标有雕刻和掩模成像两种方式：掩模式打标用激光把模版图案成像到工件表面而烧蚀出标记。雕刻式打标是一种高速全功能打标系统。激光束经二维光学扫描振镜反射后经平场光学镜头聚焦到工件表面，在计算机控制下按设定的轨迹使材料汽化，可以打出各种文字、符号和图案等，字符大小可以从毫米到微米量级，激光标记是永久性的，不易磨损，这对产品的防伪有特殊的意义。已大量用在给电子元器件、集成电路打商标型号、给印刷电路板打编号等。紫外波段激光技术发展很快，由于材料在紫外波激光作用下发生电子能带跃迁，打破或削弱分子间的结合键，从而实现剥蚀加工，加工边缘十分齐整，因此在激光标记技术中异军突起，尤其受到微电子行业的重视。

3. 电火花加工

电火花加工利用放电火花对工件进行切削，适用于硬质材料的加工。电火花加工具有加工精度高、适用于复杂曲面和精密零件加工等优点，广泛应用于模具制造、航空航天等领域。

（1）工作原理

进行电火花加工时，工具电极和工件分别接脉冲电源的两极，并浸入工作液中，或将工作液充入放电间隙。通过间隙自动控制系统控制工具电极向工件进给，当两电极间的间隙达到一定距离时，两电极上施加的脉冲电压将工作液击穿，产生火花放电。在放电的微细通道中瞬时集中大量的热能，温度可高达一万摄氏度以上，压力也有急剧变化，从而使这一点工作表面局部微量的金属材料立刻熔化、气化，并爆炸式地飞溅到工作液中，迅速冷凝，形成固体的金属微粒，被工作液带走。这时在工件表面上便留下一个微小的凹坑痕迹，放电短暂停歇，两电极间工作液恢复绝缘状态。

紧接着，下一个脉冲电压又在两电极相对接近的另一点处击穿，产生火花放电，重复上述过程。这样，虽然每个脉冲放电蚀除的金属量极少，但因每秒有成千上万次脉冲放电作用，就能蚀除较多的金属，具有一定的生产率。在保持工具电极与工件之间恒定放电间隙的条件下，一边蚀除工件金属，一边使工具电极不断地向工件进给，最后便加工出与工具电极形状相对应的形状来。因此，只要改变工具电极的形状和工具电极与工件之间的相对运动方式，就能加工出各种复杂的型面。

工具电极常用导电性良好、熔点较高、易加工的耐电蚀材料，如铜、石墨、铜钨合金和钼等。在加工过程中，工具电极也有损耗，但小于工件金属的蚀除量，甚至接近于无损耗。

工作液作为放电介质，在加工过程中还起着冷却、排屑等作用。常用的工作液是黏度较低、闪点较高、性能稳定的介质，如煤油、去离子水和乳化液等。

（2）主要特点

①能加工普通切削加工方法难以切削的材料和复杂形状工件；

②加工时无切削力；

③不产生毛刺和刀痕沟纹等缺陷；

④工具电极材料无须比工件材料硬；

⑤直接使用电能加工，便于实现自动化；

⑥加工后表面产生变质层，在某些应用中须进一步去除；

⑦工作液的净化和加工中产生的烟雾污染处理比较麻烦。

电火花加工的主要用途是：①加工具有复杂形状的型孔和型腔的模具和零件；②加工各种硬、脆材料如硬质合金和淬火钢等；③加工深细孔、异形孔、深槽、窄缝和切割薄片等；④加工各种成形刀具、样板和螺纹环规等工具和量具。

（3）加工特性

①电火花加工速度与表面质量

模具在电火花机加工一般会采用粗、中、精分档加工方式。粗加工采用大功率、低损耗的实现，而中、精加工电极相对损耗大，但一般情况下中、精加工余量较少，因此电极损耗也极小，可以通过加工尺寸控制进行补偿，或在不影响精

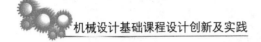

度要求时予以忽略。

②电火花碳渣与排渣

电火花机加工在产生碳渣和排除碳渣平衡的条件下才能顺利进行。实际中往往以牺牲加工速度去排除碳渣，例如在中、精加工时采用高电压，大休止脉波等等。另一个影响排除碳渣的原因是加工面形状复杂，使排屑路径不畅通。唯有积极开创良好排除的条件，对症地采取一些方法来积极处理。

③电火花工件与电极相互损耗

电火花机放电脉波时间长，有利于降低电极损耗。电火花机粗加工一般采用长放电脉波和大电流放电，加工速度快电极损耗小。在精加工时，小电流放电必须减小放电脉波时间，这样不仅加大了电极损耗，也大幅度降低了加工速度。

电火花加工是与机械加工完全不同的一种新工艺。随着工业生产的发展和科学技术的进步，具有高熔点、高硬度、高强度、高脆性，高黏性和高纯度等性能的新材料不断出现。具有各种复杂结构与特殊工艺要求的工件越来越多，这就使得传统的机械加工方法不能加工或难于加工。因此，人们除了进一步发展和完善机械加工法之外，还努力寻求新的加工方法。电火花加工法能够适应生产发展的需要，并在应用中显示出很多优异性能，因此，得到了迅速发展和日益广泛的应用。

二、装配技术：装配过程与技巧

（一）零部件清洁

1.表面清洁

（1）清洁方法的选择

表面清洁可以采用多种方法，根据零部件的材质、形状和表面特性选择合适的清洁方法至关重要。对于一些对表面要求极高的零部件，如光学元件、精密仪器等，可能需要采用特殊的清洁方法，如超声波清洗、离子清洗等，以确保表面的绝对洁净。而对于一般的机械零件，常见的清洁方法包括溶剂清洗、水洗、气压清洗等。在选择清洁方法时，需要考虑清洁效果、成本、环境友好性等因素。

（2）清洁剂的选择

清洁剂的选择对于清洁效果至关重要。一般情况下，清洁剂应具有良好的溶解性能，能够有效溶解油污、污垢等杂质，并且不会对零部件表面造成损伤。对于一些敏感材料，如塑料、橡胶等，需要选择对其无害的清洁剂，以避免材料的腐蚀或损伤。此外，清洁剂的挥发性也是一个需要考虑的因素，过快的挥发可能导致清洁剂残留在表面上，影响后续装配工作。

（3）清洁过程的注意事项

在进行清洁过程时，需要注意以下几个方面。首先，清洁过程应该尽可能地进行在洁净的环境下，以避免再次污染零部件表面。其次，清洁过程应该仔细进行，尤其是对于表面细小的部分，如螺纹孔、槽口等，需要特别注意清洁。另外，清洁过程中应避免使用对零部件有害的清洁剂或工具，以免引起不必要的损坏或污染。例如精密仪器中的光学镜片，其表面的洁净度对于保证仪器的精准度和性能至关重要。在制造过程中，通常会采用超声波清洗技术，配合特殊的无残留清洁剂，以确保镜片表面的绝对洁净。这种清洁方法可以有效地去除油污、指纹和微尘等杂质，保证光学镜片的高质量。

2. 内部清洁

（1）清洁方法的选择

内部清洁可以采用多种方法，但需要根据零部件的结构和材料选择合适的清洁方法。常用的方法包括压缩空气吹扫、洗涤液冲洗、超声波清洗等。对于一些密封性较好的零部件，如阀门内部，通常采用压缩空气吹扫的方式清洁，以确保内部不留有灰尘和杂质。而对于一些较大的零部件或内部结构复杂的零部件，可以考虑采用洗涤液冲洗或超声波清洗的方式，以彻底清洁内部空间。

（2）清洁液的选择

清洁液的选择同样非常重要，需要根据零部件的材料和工作环境选择合适的清洁液。一般情况下，清洁液应具有良好的溶解性和清洁性，能够有效去除内部的油污、污垢和杂质。同时，清洁液的成分应该对零部件本身无害，不会对其造成腐蚀或损伤。此外，清洁液的挥发性也是一个需要考虑的因素，过快的挥发可能导致清洁液在内部残留，影响零部件的工作性能。

（3）清洁过程的注意事项

在进行内部清洁过程时，需要注意以下几个方面。首先，清洁过程应该进行在洁净的环境下，以避免再次污染零部件内部。其次，清洁过程应该仔细进行，特别是对于内部细小的通道或空隙，需要特别注意清洁。另外，清洁过程中应避免使用对零部件有害的清洁液或工具，以免引起不必要的损坏或污染。例如液压阀门这样的零部件，其内部结构复杂，通常需要采用洗涤液冲洗或超声波清洗的方式进行清洁。这种清洁方法可以有效地去除内部的润滑油、金属屑等杂质，确保阀门内部的清洁和顺畅运行。

（二）装配顺序

1. 逻辑顺序安排

合理组织装配顺序是确保装配过程高效进行的关键。通常情况下，应首先装配那些相对简单、容易访问的零部件，然后逐步向复杂、难以接触的部件过渡。这样可以最大程度地减少装配错误和调整次数，提高装配效率。

2. 模块化装配

在装配过程中，可以考虑采用模块化装配的方法，即将零部件按照功能或组成单元进行分类，然后分别装配各个模块，最后再将各个模块组装成完整的产品。这种方法可以简化装配过程，降低错误发生的概率，并且有利于后续的维护和更换。

（三）装配工具

1. 选择合适的工具

在装配过程中，需要根据零部件的类型、尺寸和特点选择适当的装配工具和夹具。这可能包括扳手、螺丝刀、气动工具、夹具等。正确选择和使用工具可以提高装配的准确性和效率，同时减少操作人员的劳动强度。

2. 使用辅助工具

除了常规的装配工具外，有时还需要使用一些特殊的辅助工具来帮助完成装配任务，例如调整间隙的特殊工具、安装密封件的辅助工具等。这些辅助工具可以提供额外的支持和保障，确保装配过程顺利进行。

（四）装配调试

1. 功能测试

在完成装配后，必须进行功能测试和调试，以确保装配的零部件能够正常工作。这可能涉及到操作测试、压力测试、电气测试等，具体取决于产品的性质和用途。通过功能测试，可以及时发现和解决装配过程中可能存在的问题，保证产品质量和性能达到要求。

2. 质量检查

除了功能测试外，还需要对装配后的产品进行质量检查。这包括外观检查、尺寸测量、材料确认等。通过质量检查，可以确保装配的零部件符合设计要求和标准，达到预期的质量水平。

三、机械制造工艺及精密加工技术的应用

（一）机械制造工艺及精密加工技术的特点

1. 相关性

机械制造工艺和精密加工技术是相互依存的。机械制造工艺是指将原材料加工成零部件或成品的过程，精密加工技术是指在机械制造过程中使用的一种高精度加工方法。机械制造工艺需要依靠精密加工技术来实现高精度加工，精密加工技术也需要依赖机械制造工艺来提供加工的基础设施和工艺支持。随着科技的进步和制造业的发展，机械制造工艺和精密加工技术不断创新和发展，涌现出了许多先进的加工设备和技术方法。高度技术化的特点使机械制造工艺和精密加工技术能够实现更高的加工精度和效率，提高产品的质量和竞争力。

2. 多样性和灵活性

机械制造工艺和精密加工技术具有多样性和灵活性。不同的产品和加工要求需要采用不同的机械制造工艺和精密加工技术。机械制造工艺和精密加工技术可以根据不同的加工要求进行调整和优化，以满足不同产品的加工需求。这种多样性和灵活性使机械制造工艺和精密加工技术能够适应不同行业和领域的需求。

3. 系统性

机械制造工艺及精密加工技术是一个系统工程，涉及材料选择、工艺流程设计、设备选择、工艺参数控制等多个环节。每个环节都至关重要，稍有不慎就可能影响产品的质量和性能。这些环节之间相互关联，相互制约，需要在考虑各种因素的基础上进行综合分析和决策。在加工过程中，需要采用精密的设备和工具，严格控制加工参数，确保加工精度和表面质量。

4. 全球性

随着世界经济一体化的不断加快，各国之间的合作与交流日益频繁，技术的传播和应用也更加迅速，这就要求机械制造工艺及精密加工技术必须具备全球化的特征，不断学习借鉴他国的先进技术和经验，以提高技术的竞争力。此外，不同国家和地区的机械制造业在产品设计、加工工艺、质量控制等方面都有着不同的标准和规范。为了实现全球化的生产和贸易，机械制造工艺及精密加工技术必须遵循国际通用的标准和规范，以确保产品的质量和通用性。具备全球性特征的机械制造工艺及精密加工技术不仅能在国内市场得到发展，还能够走出国门，在国际上赢得一席之地。

（二）机械制造工艺的应用

1. 埋弧焊工艺的应用

埋弧焊是一种常用的机械制造工艺，广泛应用于各个行业。埋弧焊工艺通过在焊接过程中将电极埋入焊缝中，形成一层保护层，有效防止氧气和其他杂质进入焊缝，从而提高焊接质量。埋弧焊工艺具有焊接速度快、焊接效率高、焊接质量稳定等优点，因此在机械制造中得到了广泛应用。

（1）埋弧焊工艺在制造大型钢结构中起到了重要作用

大型钢结构通常需要焊接多个焊缝，而埋弧焊工艺能够快速高效地完成焊接任务，提高生产效率。同时，埋弧焊工艺还能够保证焊接质量，确保焊缝的强度和密封性，提高整个钢结构的安全性。

（2）埋弧焊工艺在汽车制造中得到了广泛应用

汽车制造中需要对车身结构进行焊接，而埋弧焊工艺能够快速完成焊接任务，并且焊接质量稳定。此外，埋弧焊工艺还能够适应不同材料的焊接，如钢铁、铝合金等，提高了汽车制造的灵活性和多样性。

（3）埋弧焊工艺在船舶制造、铁路制造、航空航天等领域有广泛应用

这些领域对焊接质量和焊接速度要求较高，而埋弧焊工艺能够满足这些要求，提高生产效率和产品质量。

2. 螺柱焊接工艺的应用

（1）螺柱焊接工艺的优点与应用

螺柱焊接作为一种常用的机械制造工艺，在连接螺柱的零部件或结构上具有广泛的应用。其优点主要包括以下几个方面：

①实现可拆卸连接

螺柱焊接可以实现零部件的可拆卸连接，这意味着在需要维修或更换零部件时可以方便地拆卸螺柱，而不必对焊接部位进行破坏性的操作。这对于机械设备的维护和保养来说至关重要，可以减少维修时间和成本。

②提高连接强度和稳定性

焊接可以将螺柱牢固地固定在零部件上，与传统的螺栓连接相比，焊接连接具有更高的强度和稳定性。这样可以确保零部件在运行过程中不会出现松动或脱落，提高了机械设备的安全性和可靠性。

③减少重量和体积

焊接连接可以将螺柱直接固定在零部件上，无须额外的螺母或垫片，因此可

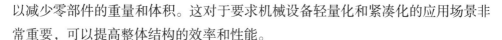

以减少零部件的重量和体积。这对于要求机械设备轻量化和紧凑化的应用场景非常重要，可以提高整体结构的效率和性能。

（2）螺柱焊接工艺的应用步骤

螺柱焊接工艺的应用过程一般包括以下步骤：

①选择合适的螺柱和焊接材料

首先需要根据实际需要选择合适的螺柱和焊接材料，确保焊接连接的质量和可靠性。选择的螺柱应具有足够的强度和耐腐蚀性，而焊接材料则需要具有良好的焊接性能和机械性能。

②进行焊前准备工作

在进行焊接前，必须对焊接部位进行充分的准备工作。这包括清洁、除锈、调整尺寸等步骤，以确保焊接的质量和效果。焊接部位的清洁度对焊接质量有重要影响，应尽可能保持清洁。

③使用适当的焊接设备和工具进行焊接操作

选择适当的焊接设备和工具进行焊接操作，确保焊接接头的质量和强度。焊接过程中需要控制焊接电流、焊接速度和焊接时间等参数，以确保焊接接头的均匀性和稳定性。

④进行焊后处理

焊接完成后，需要进行焊后处理工作。这包括去除焊渣、修整焊缝和进行表面处理等工作，以提高焊接接头的外观和性能。焊后处理工作对于确保焊接质量和延长零部件使用寿命非常重要。

3. 气体保护焊工艺的应用

（1）气体保护焊工艺的优点

气体保护焊工艺作为一种常用的焊接方法，在机械制造工艺中具有诸多优点，主要包括以下几个方面：

①实现高质量焊接

气体保护焊工艺能够实现高质量的焊接，焊缝的外观光滑，无气孔和夹杂物，焊接强度高。由于焊接过程中采用惰性气体或活性气体保护焊缝，有效防止了氧化和腐蚀的发生，从而确保了焊接接头的质量和可靠性。

②适用性广泛

气体保护焊工艺适用于各种焊接位置和形状，可以实现自动化和机械化焊接，提高了生产效率。无论是平面焊接、立体焊接、还是管道焊接，都可以采用气体保护焊工艺进行实现。这种灵活性和适用性使其在各种工业领域得到广泛应用。

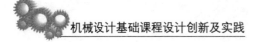
③减少焊接变形和残余应力

相较于其他焊接方法，气体保护焊工艺可以减少焊接变形和残余应力的产生。由于焊接过程中焊缝受到了良好的保护，使得焊接区域受热均匀，从而减少了焊接件的变形和残余应力，提高了焊接件的精度和稳定性。

（2）气体保护焊工艺的局限性

尽管气体保护焊工艺具有诸多优点，但也存在一些局限性，主要表现在以下几个方面：

①对焊接环境的要求较高

气体保护焊工艺对焊接环境的要求较高，需要在无风或微风的环境下进行，以确保保护气体的有效性。如果环境条件不理想，将会导致焊接气体的扩散和稀释，从而影响焊接质量。

②设备和气体成本较高

气体保护焊工艺所需的焊接设备和气体成本较高，尤其是惰性气体和活性气体的价格相对较贵。这对于小规模生产或个体焊接来说经济性不高，增加了焊接成本。

③无法满足特殊要求

对于一些特殊材料或特殊焊接要求，如对焊接速度、温度、气体选择等有特殊要求的情况，气体保护焊工艺可能无法满足。因此，在选择焊接方法时需要综合考虑材料特性、焊接要求和经济成本等因素。

（三）精密加工技术的应用

1.研磨加工技术的应用

研磨加工技术是一种常见的精密加工技术，广泛应用于各个行业。它通过磨料与工件表面的相互作用，去除工件表面的杂质和不均匀性，从而获得高精度和高光洁度的工件。在机械制造领域，研磨加工技术常用于制造高精度的零件和模具。例如在汽车制造中，发动机缸体和曲轴等关键零件常常需要使用研磨加工技术来获得精确的尺寸和光洁度。在航空航天领域，研磨加工技术被应用于制造飞机发动机的叶片和涡轮等关键部件。

在电子制造领域，研磨加工技术也扮演着重要的角色。例如在集成电路制造中，研磨加工技术常用于去除晶圆表面的杂质和不均匀性，从而提高芯片的质量和性能。此外，在显示器制造中，研磨加工技术被用于制造高精度的液晶面板和触摸屏。在光学制造、医疗器械制造、珠宝加工等领域研磨加工技术也得到广泛应用。在光学制造中，研磨加工技术常用于制造高精度的透镜和反射镜；在医疗器械制造中，研磨加工技术常用于制造高精度的手术器械和人工关节；在珠宝加工中，研磨加工技术常用于打磨和抛光宝石和珠宝。

2. 模具成型技术的应用

模具成型技术是精密加工技术的重要应用之一。模具成型技术是通过制作模具来实现对材料的成型和加工。模具是一种具有特定形状和尺寸的工具，可以用于生产各种产品，如塑料制品、金属制品等。模具成型技术可以用于制造各种产品。例如在塑料制品的生产中，模具成型技术可以用来制造各种塑料制品，如塑料瓶、塑料盒等；在金属制品的生产中，模具成型技术可以用来制造各种金属制品，如汽车零部件、家电配件等。模具成型技术的应用可以提高生产效率和产品质量。通过使用模具成型技术，可以实现对材料的快速成型和加工，大幅提高了生产效率。同时，模具成型技术可以保证产品的一致性和精度，提高了产品的质量。模具成型技术还可以降低生产成本。通过使用模具成型技术，可以减少人工操作和材料浪费，降低生产成本。同时，模具成型技术还可以实现批量生产，进一步降低了生产成本。

第三节　制造过程中的质量控制和检测技术

一、机械制造过程质量控制的重要性

（一）增强机械制造市场竞争力

机械设备的应用覆盖现代社会的方方面面，因此形成了一个庞大的机械制造市场，世界各国都无一例外地重视这一市场，因为机械制造市场的发展，不仅可以为国家创造经济效益，同时还可以从其他各个方面，提升国家的综合国力，意义非同小可。

1. 产品质量和性能

产品质量是市场竞争的核心，因此加强质量管理是关键。采用先进的生产工艺和技术，加强对原材料、加工工艺、成品检验等环节的质量控制，确保产品质量和性能达到或超过市场标准。例如汽车制造企业可以通过引入先进的智能制造技术和精密加工设备，提高汽车零部件的加工精度和装配质量，从而提升整车质量和性能。

2.技术创新和研发投入

技术创新是提升竞争力的重要手段。加大研发投入，不断推动产品技术更新换代，开发出符合市场需求的新产品和新技术。例如机械设备制造企业可以开发智能化、高效节能的新型设备，以适应市场对设备性能和环保要求的提升。

3.品牌建设和市场营销

品牌是企业的核心竞争力之一，通过良好的品牌形象和声誉，企业可以赢得消费者的信任和支持。因此，加强品牌建设，提升产品知名度和美誉度，通过差异化的市场定位和营销策略，扩大市场份额和影响力。例如某机械制造企业可以通过提供优质的售后服务和定制化解决方案，树立良好的品牌形象，吸引更多客户并稳固市场地位。

4.国际合作和市场开拓

拓展国际市场是提升竞争力的重要途径。通过加强国际合作，开展技术转让和项目合作，拓展海外市场份额，提升企业在全球市场的竞争力。例如某机械设备制造企业可以与国外企业合作开展技术研发和生产，共同开发新产品，拓展海外市场。

5.人才培养和团队建设

人才是企业发展的重要资源，加强人才培养和团队建设，建立高效的研发团队和生产团队，提升企业的创新能力和竞争力。例如企业可以引进高层次人才和专业技术人员，建立多元化的人才队伍，提升企业的核心竞争力。

（二）确保机械设备使用、运行的安全性

早期的机械设备功能单一，结构简单，制造粗糙，不仅作用、功能有限，并且存在着较大的安全隐患，在机械设备的使用、运行过程当中，容易引起安全事故，造成人员伤亡、财产损失。

一是，质量控制是确保机械设备安全性的基础。机械设备的制造质量直接影响着其安全性能。任何一个制造环节出现质量问题，都可能导致设备在使用过程中出现故障，从而引发安全事故。因此，在机械设备的制造过程中，必须严格按照相关标准和规范进行生产和检验，确保产品质量符合要求。例如某汽车制造企业在生产汽车发动机时，采用先进的加工设备和工艺，严格控制每个加工环节的质量，保证发动机在使用过程中的稳定性和安全性。

二是，安全设计是确保机械设备安全性的重要手段。在机械设备的设计阶段，应该充分考虑到安全因素，采取合理的设计措施，减少安全隐患的发生。例如在

工业机器人的设计过程中，应该考虑到机器人的工作环境、作业方式、安全防护等因素，采用安全传感器、急停按钮等装置，确保机器人在工作过程中不会对人员造成伤害。

三是，定期检测和维护也是确保机械设备安全性的重要手段。机械设备在长时间的使用过程中，可能会出现磨损、老化、松动等问题，如果不及时发现和处理，就可能会造成设备故障和安全事故。因此，对机械设备进行定期的检测和维护至关重要。例如某化工企业在使用压力容器时，会定期进行压力测试和检查，确保容器的安全性能达到要求。

（三）充分发挥出机械设备的作用和价值

随着时代的发展，机械设备在不断演化，如今的机械设备性能越来越强，功能越来越健全，同时结构越来越精密，组成越来越复杂，这就对机械制造提出了更高的标准和要求。在机械制造过程中，只要出现了任何的一点儿疏忽，不论是精度不达标，还是零部件不符合生产制造规范，致使机械设备出现质量问题。都会影响到其正常的使用，既会增加机械设备的维修、维护成本，还无法使机械设备发挥出其应有的作用。

第一，机械设备在生产制造领域中发挥着关键作用。例如在汽车制造业中，各种机械设备如机床、焊接机器人、涂装设备等扮演着至关重要的角色。这些设备的精确加工、高效生产能力和稳定性，直接影响着汽车制造的质量和效率。另外，在食品加工行业，各种食品加工设备如搅拌机、烘干设备、包装机等也是不可或缺的。它们的作用不仅在于提高生产效率，更重要的是确保食品安全和质量。

第二，机械设备在基础设施建设和城市建设中也发挥着重要作用。例如在建筑工程中，各种起重机、挖掘机、混凝土搅拌机等机械设备为施工提供了便利和效率。在城市交通建设中，地铁盾构机、路面铺设机等机械设备的使用使得城市交通更加便捷高效。这些机械设备的作用不仅提高了基础设施建设的速度和质量，也为城市发展提供了强大的支持。

第三，机械设备在环境保护、能源开发和医疗卫生等领域也发挥着重要作用。例如在环境保护领域，污水处理设备、垃圾处理设备等机械设备的使用有助于减少污染物的排放，保护生态环境。在能源开发领域，钻井设备、风力发电设备等机械设备为能源开发提供了技术支持。在医疗卫生领域，医用影像设备、手术机器人等高精度机械设备为医疗诊断和治疗提供了重要支持。

二、质量控制方法与流程

（一）质量控制方法

1. 过程控制

过程控制是质量管理中的关键环节，它通过监测和调整生产过程中的各项参数和变量，以确保产品在制造过程中达到预期的质量水平。这包括监测生产设备的运行状态、原材料的质量、工艺参数的稳定性等。通过实时监控和反馈，及时发现生产过程中的异常情况，并采取相应的措施进行调整，以确保产品质量的稳定性和一致性。

2. 统计质量控制

统计质量控制是一种基于统计方法的质量管理手段，它通过收集、分析和解释生产过程中产生的数据，以识别潜在的质量问题，并采取相应的控制措施。其中，常用的统计方法包括控制图、假设检验、方差分析等。通过对数据的分析，可以及时发现质量异常，找出导致问题的根源，并采取纠正措施，以确保产品质量的稳定性和可靠性。

3. 质量保证

质量保证是通过建立完善的质量管理体系和质量保证体系，确保产品在设计、生产、销售等各个环节都能够符合相关的标准和要求。这包括制定质量管理手册、建立质量管理程序、开展内部审核和外部认证等。通过建立质量保证体系，可以规范生产流程、提高生产效率，确保产品质量的可控性和稳定性。

（二）质量控制流程

1. 质量计划制订

质量计划制订是质量管理的第一步，它包括确定产品质量目标、制订质量管理计划、确定质量检验方法和标准等。在制订质量计划时，需要考虑产品的特性、市场需求、生产工艺等因素，确保质量目标与实际生产情况相匹配。

2. 质量检验和测试

质量检验和测试是确保产品质量的重要环节，它包括对原材料、中间品和最终产品进行检验和测试，以确保其符合相关的质量标准和要求。质量检验和测试可以采用多种方法，如外观检查、尺寸测量、功能测试等。通过对产品的全面检验和测试，可以及时发现质量问题，并采取相应的纠正措施。

3. 不良品处理

不良品处理是质量管理的最后一道防线，它包括对不合格产品的处理和处置。不良品处理的目标是及时发现、及时处理、及时反馈，以最大限度地减少不良品对产品质量和生产效率的影响。常用的不良品处理方法包括返工、报废、重新加工等。通过合理的不良品处理，可以确保产品质量的稳定性和一致性。

三、检测技术与设备介绍

（一）检测技术

1. 物理检测

物理检测是通过对物质的物理性质进行测试和分析来评估其质量和性能。常用的物理检测方法包括硬度测试、拉伸测试、冲击测试等。例如硬度测试可以通过测量材料的硬度值来评估其抗压强度和耐磨性，拉伸测试可以评估材料的抗拉伸性能，冲击测试可以评估材料的韧性和抗冲击性能。物理检测技术可以直观地反映材料的力学性能和结构特征，为质量控制提供重要依据。

2. 化学检测

化学检测是通过对物质的化学成分和组成进行测试和分析来评估其质量和性能。常用的化学检测方法包括光谱分析、化学成分分析、化学反应测试等。例如光谱分析可以确定材料的元素组成和含量，化学成分分析可以分析材料的主要成分和杂质含量，化学反应测试可以评估材料的化学稳定性和腐蚀性。化学检测技术可以揭示材料的化学性质和稳定性，为质量控制提供重要参考。

3. 光学检测

光学检测是通过光学原理和技术对物质的外观和内部结构进行测试和分析来评估其质量和性能。常用的光学检测方法包括显微镜观察、光学显微镜检测、红外光谱分析等。例如显微镜可以观察材料的表面形貌和微观结构，光学显微镜可以观察材料的内部结构和缺陷，红外光谱分析可以分析材料的化学键和官能团。光学检测技术可以提供对材料外观和内部结构的直观观察和分析，为质量控制提供重要参考。

（二）检测设备

1. 硬度计

硬度计是工程材料科学中常用的测试设备，用于评估材料的硬度，即材料对外界施加压力时抵抗形变的能力。硬度测试是确定材料力学性能和耐磨性的重要手段之一，对于材料的品质控制和性能评估具有重要意义。

一种常见的硬度计是洛氏硬度计，它利用在材料表面施加不同大小的压力，并测量压痕的直径或深度来确定材料的硬度。通过洛氏硬度计，可以快速准确地评估金属和非金属材料的硬度，例如钢铁、铝合金、塑料等。洛氏硬度计常用于制造业中对材料硬度的实时监测和质量控制，例如在金属加工、汽车制造、航空航天等行业中广泛应用。另一种常见的硬度计是巴氏硬度计，它通过在材料表面施加一定大小的压力，并测量压痕的直径或深度来评估材料的硬度。巴氏硬度计适用于各种金属材料和非金属材料的硬度测试，具有测试速度快、结果准确、操作简便的特点。在材料工程和制造业中，巴氏硬度计常用于对金属材料的硬度测试和品质评估，例如对钢材、铸铁等材料的硬度检测。此外，维氏硬度计也是一种常用的硬度测试设备，主要用于金属材料的硬度测试和评估。维氏硬度计通过在材料表面施加一定大小的压力，并测量压痕的长度或深度来确定材料的硬度。维氏硬度计适用于各种金属材料的硬度测试，例如钢铁、铝合金、铜等，具有测试精度高、操作简便的特点。在金属加工、材料科学研究和制造业中，维氏硬度计被广泛应用于对材料硬度的评估和质量控制。

2. 测微计

第一，让我们考虑汽车制造行业中硬度计的应用。在汽车制造中，各种金属零部件的硬度直接关系到汽车的性能、安全性和耐用性。例如引擎缸体和活塞环等关键零部件的硬度必须能够承受高温和高压的工作环境，以确保引擎的正常运转。在这种情况下，利用硬度计进行零部件的硬度测试和评估就显得尤为重要。通过对材料硬度的准确测试，可以及早发现可能存在的材料缺陷或质量问题，从而保证汽车零部件的安全性和可靠性。

第二，考虑航空航天领域中硬度计的应用。在航空航天工程中，材料的高强度和耐腐蚀性是至关重要的，因为飞机、航天器等载具需要在极端的环境下工作，如高空低温、高速运动等。在这种情况下，对材料的硬度进行精确测试可以帮助工程师确定材料是否能够满足设计要求，并在设计阶段及时作出调整。例如飞机发动机零部件的硬度必须能够承受高速旋转和高温环境，否则可能导致零部件的磨损或失效，从而影响飞行安全。通过利用硬度计对这些关键零部件进行硬度测试，可以确保其在恶劣环境下的可靠性和耐久性。

第三，我们还可以关注医疗器械制造领域中硬度计的应用。在医疗器械制造中，材料的生物相容性和机械性能至关重要，因为这些器械通常需要与人体直接接触，例如人工关节、植入物等。在这种情况下，对材料硬度进行准确测试可以确保器械在使用过程中不会产生异物反应或损伤组织，同时保证器械的结构强度和稳定性。例如人工关节材料的硬度必须与周围骨骼组织相匹配，以确保人工关节的稳固性和功能。通过利用硬度计对这些关键器械材料进行硬度测试，可以保证其符合医疗器械行业的严格标准和法规要求，从而保障患者的安全和健康。

3. 显微镜

第一，让我们考虑材料科学领域中显微镜的应用。在材料科学研究中，显微镜被用来观察和分析材料的微观结构，从而揭示材料的性能和特性。例如在金属材料研究中，显微镜可以用来观察晶体结构、晶粒大小和分布，进而评估材料的强度、硬度和塑性等力学性能。另外，在聚合物材料研究中，显微镜可以揭示聚合物的分子结构和排列方式，从而影响材料的力学性能、热性能和光学性能。通过对材料的微观结构进行观察和分析，科学家可以深入了解材料的内在特性，指导材料的设计、制备和应用。

第二，考虑生物医学领域中显微镜的应用。在生物医学研究和临床诊断中，显微镜被广泛应用于观察和分析生物样本的微观结构和形态。例如在细胞生物学研究中，显微镜可以用来观察细胞的形态、结构和功能，研究细胞的生理过程和病理变化。在病理学领域，显微镜可以用来观察组织标本的组织结构和病变特征，帮助医生进行疾病诊断和治疗。通过显微镜的高分辨率观察，医学工作者可以及时发现病变和异常现象，为疾病的早期诊断和治疗提供重要依据。

第三，我们还可以关注材料工程领域中显微镜的应用。在材料工程中，显微镜可以用来观察和分析材料的微观结构和表面形貌，评估材料的加工质量和性能稳定性。例如在金属加工工程中，显微镜可以用来观察金属表面的晶粒大小和分布，评估加工过程中的晶粒调控效果，指导优化加工工艺和改善材料性能。在纳米材料工程中，显微镜可以用来观察和分析纳米材料的形貌和尺寸分布，评估纳米结构的制备效果和稳定性，为纳米材料的设计和应用提供指导和支持。

4. X 射线探测器

在材料科学领域，X 射线衍射技术被广泛应用于晶体结构分析和材料表征。例如研究人员可以利用 X 射线衍射仪测量材料的衍射图样，通过分析衍射峰的位置和强度来确定材料的晶体结构和晶格参数。这对于新材料的合成和性能优化至关重要。此外，X 射线荧光光谱仪也被用来分析材料的化学成分，通过测量样品的 X 射线荧光谱线来确定样品中元素的组成和含量，为材料设计和应用提供关键信息。

在化学分析领域，X 射线光电子能谱仪（XPS）被广泛应用于表面分析和化学组成分析。XPS 技术可以通过测量材料表面电子能谱来确定表面元素的化学状态和含量，为表面改性和功能化设计提供基础数据。例如在催化剂研究中，XPS可以用来表征催化剂表面的化学状态和活性位点，为催化机理的研究和催化性能的优化提供关键信息。另外，在生物医学领域，X 射线成像技术被广泛应用于医学诊断和治疗。X 射线成像技术可以通过测量 X 射线的吸收、散射和衍射来获取人体内部组织和结构的影像，用于诊断各种疾病和损伤。例如 X 射线放射断层摄影（CT）技术可以生成人体各个方向的断层影像，用于诊断骨折、肿瘤和器官损伤等。此外，X 射线治疗技术也可以利用 X 射线的穿透性来治疗肿瘤和其他疾病，具有重要的临床应用价值。

三、机械设计制造质量控制的影响因素

（一）精度系数的影响

精度是影响机械制造领域产品质量的首要因素，它和产品质量呈现出正相关的关系，精度越高则表明产品在机械制造的环节中更加注意细节的管控和质量的把握。除此之外，精度还和整体生产运营成本呈现正相关的关系。精度越高，则表明生产过程中需要关注和考虑的因素越多，投入的人力成本和材料成本等也会更多。这直接增加了整体生产运营的成本，与此同时也降低了生产环节的工作效率。因此，在实际机械制造生产的过程中，大多数企业对产品精度的把握都不够准确。他们一方面是出于生产效率的考虑，另一方面是为了能够尽可能地压缩生产成本，从而提高经济效益。但为了能够有效地对产品进行质量把控，工作人员务必要科学地计算产品精度和生产成本以及生产效率之间的关系，在有效保证生产效率的基础之上，尽可能地提高产品精度，从而对产品质量进行科学化的把控和处理。

（二）工艺流程的影响

事实上，根据机械制造生产的领域和产品的细分种类不同，具体的生产工艺环节也存在较大的区别，但是它们的共同点表现在工艺流程的先进性和高效率性，和产品质量进行直接挂钩，呈现出正相关的关系。相对落后的工艺流程，无论是从人力和物力的消耗方面，还是对产品质量的控制方面都存在一定程度上的落后不足。只有充分提高和优化现有的工艺生产流程，才能够利用最短的时间、最低的成本，创造出价值最高的产品。并在这个过程中屏蔽掉各类负面因素的影响，做到对环境的有效保护。因此生产工艺是影响到机械质量控制环节的重要因素之一。

（三）其他外部因素影响

除此之外，还有大量的外部因素可能会影响到机械制造正常生产环节中的质量把控。例如外部压力的影响，在对一些精细零部件进行机械加工的过程中，外部压力极有可能会对这些相对来说重量和体积较小的不限零部件产生重要的影响，导致其外观变形。轻微的变形都会使得这些零部件无法进行正常的使用质量控制，出现重大隐患。人为因素的影响也在这类外部因素的范畴之中，由于工作人员操作失误或没有严格遵守工艺流程等相关方面的原因。也会造成机械制造领域正常的生产运营环节被打破，从而造成部分零部件从精度、外观等多个方面出现标准不达标的现象，质量验收不合格。以上外部因素都是会影响到机械制造领域质量控制的关键原因，除此之外，还有多方面的因素，需要在日常工作的过程中进行规范化的要求，发现问题，及时解决，避免酿成更大的问题隐患。

四、机械设计制造质量控制的措施

（一）重视产品质量，强化质量控制意识

要想切实完成机械设计和制造环节的质量控制工作，关键还是要从思想意识上做起，首先要强化全体工作人员的质量控制意识，使其充分重视产品质量。对于机械制造行业来说，决定企业经济效益的关键渠道就在于产品的质量，产品的质量越好，才能够在激烈的市场竞争中取得绝对性的优势，从而吸引更多的目标客户群体。在有效提升企业品牌形象的基础之上，进一步扩大企业经济利润总量，为企业长远性的发展奠定充足性的基础。因此从这个角度上来看，产品质量是影响和决定企业发展的首要因素。要通过日常的培训和教育引导等相关方式，对一线作业人员和辅助监督等相关岗位的工作人员进行思想意识上的引导，使其能够充分注重产品质量的关键作用，摒弃掉一味追求生产效率的传统想法。要在充分提高产品质量的基础之上，再进一步追求生产效率和速度。

除此之外，还要进一步强化对质量控制工作岗位人员的培训和进修。强化他们对质量标准的理解和掌握，对质量不达标的产品务必进行返工处理。要通过严格化的要求和标准化的处理，有效规范这一重要工作岗位和环节。努力在机械制造企业内部营造出高度重视产品质量的工作氛围，督促和引导各环节工作人员都能够严格按照工作标准提高责任意识，保质保量完成工作任务，从各流程和角度切实保障产品质量，做好质量控制工作。

2. 精确测算，强化精度，把握尺寸

通过测算方式来强化机械设计产品的精度，主要是适用于产品完成了基础性

加工环节之后。通过对产品体积、形状、尺寸等相关方面信息的精确化测量。对比行业标准，从而分析出产品下一阶段精细化加工的设计方向。对产品质量进行科学化把控，强化各环节的设计精度。精度是产品质量的重要体现之一，可以保证成品在后续使用环节的稳定性，极大程度上避免不合规、不达标从而返工的现象。

3. 引入先进技术，优化工艺流程

机械生产制造环节和其他类型的生产环节一样，都需要大力依靠当前的创新性技术和先进手段。创新是第一生产力，先进的技术不仅可以改善当前生产制造过程中的有关问题，同时还能够在此基础之上进一步提高生产制造效率，压缩成本，促进经济效益的提升。因此，对于机械生产制造工作来说，为了能够有效提高产品质量，引入先进技术也是必要的手段。一方面，可以参考和借鉴行业内其他的竞争企业。充分对比自身关键核心技术和其他企业之间的差距。另一方面，也可以通过引入专业技术人才的方式，对自身企业的技术进行提质升级，有条件的还可以申请相关的专利技术，通过技术垄断的方式充分占据市场竞争优势。打造品牌产品，拓宽产品市场。除此之外，还要对有关生产工艺流程进一步地优化和提升，不仅可以从技术创新的角度出发，同时还可以从管理创新的角度考虑。通过优化管理效率、创新管理方法，同样也可以提高工艺生产流程的效率，避免人力、物力等相关成本浪费，延误工期，造成质量不达标。

4. 消除外部影响因素

外部因素的影响是多样性、多维度的，比起上文所探讨的产品精度和工艺流程等相关影响因素，外部因素的影响不可控的程度更高。要想有效消除外部因素影响对这些设计和制造环节的干扰，关键还是要从精细化的管理和常态化的管控等多种渠道入手，规范车间生产设计环节的有关工作程序，量化工作人员的工作标准，有效避免各类外部因素，出现在日常设计和制造生产的过程中。

第五章 液压技术在机械设计中的应用

第一节 液压传动的基本原理和元件

一、液压传动原理介绍

（一）液压传动控制系统的基本原理与组成

1. 基本原理

液压传动控制系统主要由动力元件、执行元件、控制元件和辅助元件 4 部分组成。其中：动力元件主要用于满足系统操作的功率需求，即将机械能转换为液压能，从而为整个液压传动控制系统提供充足的液压能；执行元件的主要作用是控制压力向机械能转变，依靠液力压力实现设备的快速换向；控制元件由各种液压控制阀组成，通过控制从液压泵到执行部分的油液的压力、流量和流动方向，从而控制执行部分的力、速度和方向；辅助元件包括系统内的管道等辅助设备，主要用于执行元件与动力元件的连接等辅助功能，确保动力元件、控制元件和执行元件的稳定运行，有效提高液压传动控制系统的运行效率。液压传动控制系统需要借助内部液体的特性作为辅助动力来维持整个系统的液力平衡状态，其能量压力变换是以内部液体作为载波来控制活塞匹配压力范围。

2. 系统组成

液压传动控制系统的构成包括硬件系统和软件系统两大部分。液压传动控制系统原理，如图 5-1 所示。硬件系统主要由可编程逻辑控制器（PLC）、存储器、编辑器以及输入输出口等组件组成。PLC 作为硬件系统的核心部件，承担着控制和执行系统功能的任务。存储器用于存储系统程序和数据，编辑器则用于编写和修改程序。输入输出口则连接传感器、执行元件等外部设备，实现系统与外部环境的交互。软件系统是液压传动控制系统的另一重要组成部分，主要由系统程序和用户程序组成。系统程序是指控制系统运行的核心程序，包括系统的启动、运行、停止等功能。用户程序则是根据实际需求编写的特定功能程序，可以实现系统的自动化控制、参数设置等功能。

在软件系统中，PLC起着至关重要的作用，它可以实现对系统功能的控制和调节。当系统控制需求发生改变时，可以通过修改系统程序来实现相应的功能变更。PLC具有强大的应用功能和可靠性，能够提升系统的抗干扰能力，保障系统的稳定运行。

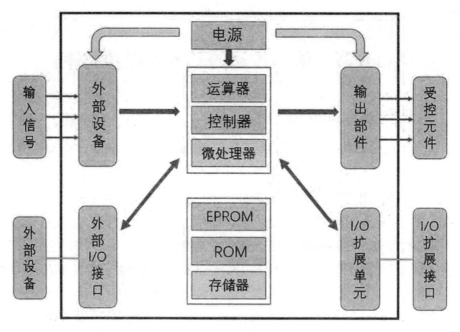

图 5-1　液压传动控制系统原理

（二）液压传动控制系统应用的突破点

1.漏油问题控制

液压控制系统应用场景多元，在应用过程中容易出现问题，而漏油是其中的一个突出问题。漏油不仅会导致液压油被污染，也会严重影响控制系统的正常运行。这主要是因为液压油在机械装备的传动和控制过程中起着重要作用，尤其是对液压油温度的控制要求十分严格。如果液压油长时间处于超温工作状态，会对整个系统的正常运行产生影响。此外，液压传动控制系统密封不良会引发漏油问题而造成环境污染。因此，液压传动控制系统在机械设计制造过程中，应特别关注液压油被污染和漏油问题，可以设置专门的监管人员，避免因液压油污染和漏油问题造成系统运行阻碍。

2. 无级变速的应用

无级变速器作为液压传动控制系统中的重要组成部分，具有广泛的应用前景和重要的技术价值。在机械设备设计与制造过程中，采用无级变速装置可以有效提升控制系统的应用效果，为运动系统的稳定性和性能提供良好的保障。无级变速器的应用主要体现在对传输速度的平滑调节上。相比于传统的有级变速器，无级变速器能够实现连续无级调节，使得系统的运动过程更加平顺和稳定。这种平稳的传输速度调节能够最大限度地降低运动状态切换对系统稳定性的影响，提高机械设备的整体性能和工作效率。

近年来，随着机械行业的快速发展，无级变速器已经成为液压传动控制系统中的主要辅助结构之一，并得到了广泛的应用。通过不断优化无级变速器的设计和应用，可以进一步提升液压传动控制系统的控制能力和适应性。例如结合先进的控制算法和传感器技术，可以实现对无级变速器的精确控制，进而提高系统的响应速度和稳定性，满足不同工况下的运行需求。因此，持续优化无级变速器的应用会大大提升液压传动控制系统的控制能力。变速器应用基本原理，如图5-2所示。

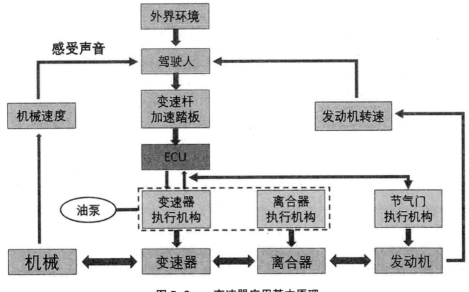

图5-2　变速器应用基本原理

3. 粗糙度的控制

在液压机械传动系统设计中，粗糙度的控制是一项至关重要的内容。粗糙度指的是零部件表面的不平整程度，其适宜值通常在0.2至0.4之间。粗糙度的控制直接影响着液压零部件的配合质量和密封效果，进而影响整个液压系统的性能和寿命。一般来说，粗糙度的控制主要通过研磨或滚刮的方法实现。其中，滚刮方式作为一种先进的处理方法，相比于传统的研磨法，具有精准度高、效率高等优点。通过滚刮处理，能够有效地提高液压零部件的表面质量，最大限度地确保其使用寿命和性能稳定性。然而，有一部分理论认为，接触密封件表面过于光滑会影响接触面的存油效果，进而影响润滑和降温效果，甚至会增加液压零部件发生异响的概率。因此，在实际的设计过程中，需要综合考虑零部件与配合面之间的粗糙度，并根据实际使用情况来确定最合适的粗糙度值。

在液压传动系统设计中，粗糙度的控制不仅仅是一项技术工作，更是涉及到整个系统性能和寿命的关键因素。因此，在设计阶段就应该严格控制粗糙度，确保液压零部件具有良好的配合质量和密封性能，从而提高系统的可靠性和稳定性。

4. 纯水介质技术

相较于传统的液压油作为传动介质，以纯水作为介质的纯水液压传动控制技术不仅大大降低了液压控制系统的生产成本，也能够完美解决漏油等问题。以纯水作为能量转换介质，一方面可以降低能源成本，另一方面可以避免设备运行对周围环境的污染。以纯水作为介质对技术工艺有着较高要求，需要采用特殊方法处理纯水，以确保其能够成为承载能量转换的介质。和液压油相比，纯水的压缩系数较低，且具有阻燃和安全环保的特性，即便在设备运行过程中发生了泄漏，也不会对生产现场造成太大影响。因此，相关技术人员需要加快纯水液压传动控制技术的研究进程，尽快普及纯水液压传动控制系统的应用，促使该项技术为制造业提升综合效益贡献力量。此外，相关技术人员应以机械实际使用需求为基础，结合自身设计经验，合理选择纯水或者其他液体作为能量转换介质，以保证技术特点与使用需求保持一致，充分展现液压传动控制系统的应用优势，并提供有力的保障措施，确保系统的控制效率和运行的稳定性。

二、常见液压元件功能及特点

（一）液压泵

1. 产生液压能

液压泵通过机械运动，通常由电动机或内燃机驱动，将液体从低压区域吸入并压缩，然后输出高压液体，从而实现液压能的产生。这种压缩作用使液体的能量增加，产生了高压能量，以供液压系统中其他部件使用。在液压泵中，液体进入低压区域时，随着泵的机械运动（通常是旋转），液体被吸入。接着，在压缩腔中，液体被挤压，压力逐渐增加。最终，压缩后的高压液体通过出口流出，供给液压系统的执行元件，如液压缸或液压马达。

2. 压力和流量控制

液压泵的输出压力和流量可以通过多种方式进行控制，以满足不同液压系统的工作需求。

（1）转速调节

通过调节液压泵的转速，可以改变液体的输出流量和压力。增加转速会增加泵的排量，从而提高输出流量和压力；减小转速则会降低输出流量和压力。

（2）排量调节

某些液压泵具有可调节排量的功能，通过改变泵的排量，可以调节输出流量和压力。这通常通过调节液压泵的偏心轴或斜盘的位置来实现。

（3）控制阀调节

在某些液压系统中，液压泵的输出压力和流量可以通过外部控制阀进行调节。这些控制阀可以调节泵的进出口通道，从而影响泵的排量和输出压力。

3. 类型多样

液压泵根据其工作原理和结构特点的不同，可以分为多种类型，每种类型都具有其独特的优点和适用场景。

（1）柱塞泵

柱塞泵通过柱塞在缸筒内的运动来产生液压能。它具有高工作压力、高效率和可靠性高的特点，适用于要求高压和大流量的场合。

（2）齿轮泵

齿轮泵利用齿轮的旋转来吸入和排出液体，具有结构简单、价格低廉、输出流量均匀稳定的特点，适用于中小功率的液压系统。

（3）涡轮泵

涡轮泵通过转子和定子之间的离心力来产生液压能，具有无脉动、噪音低、性能稳定等优点，适用于高速高压的液压系统。

（二）液压缸

1. 机械能转换

液压缸通过接收液压系统提供的液压能量，将其转化为机械能。其工作原理是利用液压压力作用在活塞上，产生线性或旋转运动。当液体进入液压缸的缸体内时，液压能将活塞推动，从而实现了活塞的运动，进而带动了连接在活塞上的工作装置。这种机械能转换的过程是液压系统中的核心部分，使液压能得以有效

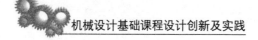

利用，完成各种工程任务。

2. 结构简单可靠

液压缸的结构相对简单，通常由缸体、活塞、密封件和连接件等部件组成。缸体通常由优质的钢材制成，具有良好的耐磨性和强度。活塞在缸体内部运动，由于密封件的密封作用，能够有效防止液体泄漏，保证系统的正常运行。整体结构紧凑，部件之间的配合精密，因此具有可靠性高的特点，在工业应用中被广泛使用。

3. 承载能力强

液压缸能够承受较大的工作负载，适用于各种需要大功率输出的工况。通过合理设计缸体和活塞的尺寸、材质和结构，液压缸可以承受不同的工作压力和负载。其强大的承载能力使其在重型机械设备、船舶、冶金设备等领域得到广泛应用，能够稳定可靠地完成各种高负载工作任务。

（三）液压阀

液压阀是液压系统中的控制元件，主要负责控制液体的流动方向、压力和流量等参数，调节液压系统的工作状态。其主要功能和特点包括：

1. 流量控制

液压阀在液压系统中扮演着重要的角色，其中流量控制是其主要功能之一。液压阀可以通过不同的控制方式，如开关、调节或换向，来精确控制液体在系统中的流动情况。通过调节阀门的开度或通过控制阀芯的位置，液压阀可以实现对流量的精准分配和控制，从而满足液压系统不同部位的流量需求。这种流量控制功能使得液压系统能够适应不同工况下的需要，保证系统的稳定运行。

2. 压力控制

除了流量控制外，液压阀还具有重要的压力控制功能。液压阀可以通过调节阀芯的位置或使用压力阀等方式，精确控制系统的工作压力。这种压力控制机制能够确保液压系统在工作过程中始终保持在安全稳定的压力范围内，防止系统因过高或过低的压力而发生故障或损坏。因此，液压阀的压力控制功能对于保障系统的安全运行至关重要。

3. 种类繁多

液压阀的种类繁多，涵盖了各种不同功能和用途的阀门。常见的液压阀包括换向阀、调速阀、安全阀、比例阀等。每种类型的液压阀都有其独特的功能和应用场景。例如换向阀用于改变液压系统中液体的流向；调速阀用于调节系统中的流量和速度；安全阀用于保护系统在过载或其他异常情况下的安全运行；比例阀用于精确控制系统中的压力、流量和方向等参数。这些不同类型的液压阀相互配合，共同构成了完整的液压控制系统，为各种工程和机械设备的正常运行提供了必要的支持。

第二节　液压系统的工作原理和控制方法

一、液压系统工作过程详解

（一）液压能的生成

1. 液压泵的工作原理

（1）柱塞泵的工作原理

柱塞泵是一种常用的液压泵，其工作原理基于柱塞在缸体内的往复运动。当液压泵的柱塞向外运动时，缸体内的液体被吸入；当柱塞向内运动时，液体被压缩，从而产生高压液体输出到液压系统中。柱塞泵的工作稳定可靠，输出压力和流量均可调节，适用于各种液压系统的工作需求。

（2）齿轮泵的工作原理

齿轮泵利用齿轮之间的啮合将液体从低压区域吸入并挤压到高压区域。当齿轮旋转时，液体被挤压出泵的出口，形成高压液体输出。齿轮泵结构简单、体积小巧，输出流量稳定，适用于需要较高流量但压力要求不太严格的液压系统。

（3）涡轮泵的工作原理

涡轮泵通过旋转叶片将液体压缩并输出。当液体经过涡轮泵内的叶片时，叶片的旋转将液体压缩，使其产生高压，然后通过泵的出口输出。涡轮泵具有结构简单、输出流量稳定的特点，适用于需要高压稳定输出的液压系统。

2. 液压泵的特点和应用

（1）柱塞泵的特点和应用

柱塞泵具有输出压力和流量可调、高效稳定等特点，适用于需要较高压力和流量的液压系统，如工程机械、农业机械等领域。

（2）齿轮泵的特点和应用

齿轮泵结构简单、体积小巧、成本较低，适用于一般液压系统中的流量控制，如液压动力传动、液压工具等领域。

（3）涡轮泵的特点和应用

涡轮泵输出流量稳定、压力可调、工作效率高，适用于需要高压稳定输出的液压系统，如船舶、飞机等领域。

液压泵在各种工程领域都有着广泛的应用，根据不同的工作要求和环境条件，选择合适类型的液压泵至关重要。

（二）液压能的传递

1. 管道系统的结构和功能

（1）管道系统的结构

管道系统通常由以下几个组成部分构成：

①高压管道：高压管道是管道系统的主体部分，负责承载高压液体并将其传输到各个执行元件。这些管道通常采用耐压性能高、耐腐蚀的材料制成，如碳钢、不锈钢等。

②接头和法兰：接头和法兰用于连接管道的各个部分，确保管道系统的密封性和稳定性。它们通常采用高强度的材料制成，能够承受高压液体的冲击和压力。

③弯头和管件：弯头和管件用于调整管道的方向和连接角度，使管道系统能够适应不同的布局和空间限制。这些部件通常具有良好的流体动力学设计，以确保流体流动的稳定性和均匀性。

（2）管道系统的功能

①传输液压能：管道系统的主要功能是将液压能从液压泵传输到各个执行元件，为其提供所需的动力和能量。管道系统的设计需要确保液压能能够高效地传输，并保持流体的稳定性和流速。

②保证流体稳定性：管道系统的设计需要考虑流体流动的稳定性，避免液体在管道中产生湍流、涡流等现象，从而保证流体能够稳定地传输到各个执行元件。

③承受高压冲击：由于液压系统中的液体通常具有较高的压力，管道系统需要具有足够的强度和耐压性，能够承受高压液体的冲击和压力，确保系统的安全稳定运行。

④减少能量损失：管道系统的设计还需要考虑减少能量损失，避免液体在管道中发生摩擦损失、泄漏等现象，从而提高系统的能量利用率和效率。

2. 管道系统的优化和应用

（1）材料选择与管道设计

在优化管道系统设计时，首先需要考虑选择合适的管道材料。常见的管道材料包括碳钢、不锈钢、铝合金等，每种材料都有其特定的优势和适用场景。例如碳钢具有较高的强度和耐压性，适用于承受较高压力的场合；不锈钢具有良好的耐腐蚀性能，适用于特殊环境下的应用。根据实际工作场景和液压系统的要求，选择合适的管道材料，确保管道系统具有足够的强度和耐用性。

另外，在管道设计中，管道直径的选择也是至关重要的。合理选择管道直径可以降低液体流动的阻力，减少能量损失，并且有利于提高系统的工作效率。通常情况下，较大直径的管道可以提供更大的流量，但也需要考虑系统的空间限制和成本因素。

（2）布局优化与流体动力学分析

管道系统的布局优化是提高液压能传递效率的关键。合理的管道布局可以减少管道长度、避免回流和死角，从而降低能量损失和流体阻力，提高系统的工作效率。在进行布局设计时，可以借助流体动力学分析工具对管道系统进行模拟和优化，以找到最优的布局方案。例如在液压挖掘机等工程机械中，通过优化管道布局和采用合适的管道材料，可以降低能量损失和泄漏风险，提高液压系统的整体性能和稳定性。合理的管道设计可以确保液压能高效地传输到各个执行元件，从而实现机械的正常工作和运行。

（3）泄漏检测与维护管理

除了优化设计和布局，定期进行管道系统的泄漏检测和维护管理也是保证系统稳定性和可靠性的重要措施。泄漏不仅会导致能量损失，还可能引发安全隐患和环境污染。因此，及时发现和修复管道泄漏是确保系统正常运行的关键步骤。同时，定期对管道系统进行维护保养，保持管道清洁和润滑，可以延长管道的使用寿命，减少故障发生的可能性。

（三）液压能的控制

1.液压阀的类型和功能

液压阀是液压系统中的关键组成部分，用于控制液体的流动、压力和流量，从而实现对执行元件的精确控制。不同类型的液压阀具有不同的功能和应用场景。

（1）换向阀

换向阀用于控制液压系统中液体流动的方向。通过打开或关闭不同的通道，可以使液体流向执行元件的不同位置，从而实现液压系统的正向、反向或停止运动。

（2）调速阀

调速阀用于调节液压系统中液体的流量，从而控制执行元件的运动速度。调速阀通常通过调节阀芯的位置来改变液体通过的截面积，进而影响液体的流量和执行元件的运动速度。

（3）安全阀

安全阀用于保护液压系统不受过压的影响。当系统中的压力超过设定的安全值时，安全阀会自动打开，释放压力，以保护系统的安全运行。

（4）比例阀

比例阀通过调节阀芯的位置来控制液压系统中液体的流量、压力或流速与输入控制信号之间的比例关系。比例阀可以实现对液压系统的精确控制，广泛应用于需要高精度控制的场合。

2. 液压阀的作用和应用

（1）控制系统的精确性

液压阀通过精确调节液体的流动、压力和流量等参数，实现对液压系统的精确控制。这对于需要高精度运动控制的机械设备尤为重要，如数控机床、工业机器人等。

（2）安全保护

液压阀中的安全阀起着保护液压系统免受过压影响的重要作用。一旦系统压力超过设定的安全值，安全阀会自动打开，释放压力，防止系统发生损坏或事故。

（3）调节执行元件运动

通过调节液压阀的开启和关闭以及阀芯位置的调节，可以精确控制执行元件的运动速度、方向和力度。这对于各种工程机械、液压设备和工业自动化系统的运行至关重要。

（4）提高系统的灵活性和适应性

液压阀的灵活性和可调性使得液压系统可以根据不同的工作需求、场景进行调节和改变，从而提高系统的适应性和灵活性。这对于应对不同工况和任务的需要具有重要意义。

二、控制方法与技术介绍

（一）手动控制

1. 简单易操作

手动控制装置设计简单，操作人员可以直观地进行控制，无须复杂的培训和操作指导。这种简单易操作的特点使得手动控制在许多应用场景下具有广泛的适用性。操作人员通过手柄、按钮或开关等控制装置，可以直接控制液压阀的开启度，从而实现对液压系统的操作和控制。这种直观的操作方式使得手动控制成为许多液压系统的首选控制方法之一。

2. 适用于小型系统

手动控制适用于对液压系统进行简单、周期性操作的场景，特别是对于小型液压系统，手动控制是一种经济有效的选择。在一些小型机械设备、手动操作台和简易液压系统中，通常采用手动控制装置进行操作和控制。这种手动控制方式不仅成本低廉，而且操作简便，非常适合于小型系统的应用场景。

3. 应急控制

在系统故障或紧急情况下，手动控制装置可以作为备用控制手段，保证系统的安全运行。当液压系统出现故障或自动控制失效时，操作人员可以通过手动控制装置进行紧急控制，及时采取必要的措施，保障系统和设备的安全运行。手动控制装置通常设计为易于操作和快速响应的方式，以满足紧急情况下的应急需求，确保系统能够安全停机或转换至安全状态。

（二）自动控制

1. 精准调节

自动控制可以根据传感器采集到的实时数据，实现对液压系统的精确调节和控制，提高系统的稳定性和可靠性。传感器可以感知系统的工作状态和环境参数，将采集到的数据传输给控制器进行处理和分析。控制器根据接收到的数据进行精准的计算和判断，并通过控制执行元件或调节阀实现对系统的自动调节和控制。这种精准调节的特点使得自动控制能够更好地适应不同工况下的系统需求，提高系统的运行效率和性能。

2. 适应性强

自动控制可以根据系统的工作需求和环境变化，自动调整控制参数和工作模式，使系统具有较强的适应性和灵活性。在液压系统工作过程中，由于工况的变化或环境因素的影响，系统的工作状态和参数可能发生变化。自动控制系统可以根据这些变化自动调整控制策略和参数，确保系统始终处于最佳工作状态。这种适应性强的特点使得自动控制在应对复杂多变的工作环境和工况下具有较高的可靠性和稳定性。

3. 高效节能

通过自动调节系统的工作参数和工作状态，可以最大程度地提高系统的能效，降低能源消耗，实现节能减排的目的。自动控制系统可以根据系统的实际运行情况和能源利用效率，自动调整控制策略和工作模式，优化系统的工作流程和能量利用方式，从而降低系统的能耗和运行成本。这种高效节能的特点使得自动控制在推动液压系统能源节约和环境保护方面具有重要作用。

（三）比例控制

1. 精确调节

比例控制可以实现对液压系统压力和流量的精确调节，满足对系统运行精度要求较高的应用场景。传统的开关控制方式难以满足对系统参数精确控制的要求，而比例控制可以根据预设的比例关系，精确地调节液压系统中液体的流动参数，确保系统能够在设定的工作范围内稳定运行。这种精确调节的特点使得比例控制技术在需要对液压系统进行精密控制的领域具有重要的应用价值。

2. 动态响应快

比例阀具有较快的动态响应速度，可以快速调节系统的工作参数，适用于对系统动态性能要求较高的场合。在液压系统的工作过程中，由于工作条件的变化或外部干扰的影响，系统需要及时调整工作参数以保持稳定运行。比例控制技术具有快速响应的特点，可以及时调整液压系统的工作状态，保证系统能够在动态工况下实现稳定控制，提高系统的响应速度和性能。

3. 应用广泛

比例控制技术广泛应用于液压系统中的各种工程机械、自动化设备和工业生产线等领域，具有较好的应用前景和市场需求。在工程机械领域，比例控制可以实现对液压系统的精确控制，提高设备的工作效率和精度；在自动化设备和工业生产线上，比例控制可以实现对工艺流程的精密控制，提高生产效率和产品质量。随着现代工业技术的不断发展和液压系统应用范围的不断扩大，比例控制技术将会在更多领域得到应用和推广。

三、液压传动控制系统的应用前景

液压技术优点突出，从民用到国防，由一般传动到精确度很高的控制系统，应用前景广阔。近年来，液压技术与计算机信息技术、微电子技术、自动控制技术等的融合，促进了液压系统和元件发展水平的提升。短期内，液压技术发生突破性变化的可能性较低，但液压技术将持续改进，具体表现为液压元件小型化、轻量化、模块化，生产工艺绿色化，液压系统一体化和集成化，应用场景普及化。

（一）产品小型化、轻量化和模块化

小型化、轻量化和模块化是整个液压行业的必然趋势。通过对元件布局和结构的重新设计，实现液压传动控制系统的小型化，可以加快液压系统的响应速度。通过材料选择和技术更新可以实现液压元件的轻量化。轻量化的液压元件可以减少下游机器设备的能耗，延长使用寿命，提高生产效率。液压产品模块化指将以往由多个零部件分别实现的功能集成在一个模块中，实现单个模块替代多个零部件的技术手段。液压产品的模块化可以提高组装效率，提升液压产品的密封性。

（二）生产工艺绿色化液压元件及零部件

在制造过程中的工艺污染、产品的振动噪声、材料损耗、介质泄漏等问题，一直是我国液压行业面临的重要问题，需要将无污染、低污染制造技术应用到产品的设计、工艺、制造、使用和回收利用的全生命周期过程中。

1. 结构优化和振动噪声控制

结构优化和振动噪声控制是液压产品和系统设计中的重要环节，它直接影响着产品的性能、稳定性以及用户的使用体验。通过结构优化技术和主动控制原理，可以有效地降低振动和噪声水平，提高产品的品质和环境友好性。

一种常见的振动噪声控制方法是采用减振装置。减振装置可以有效地吸收和减少系统振动能量，从而降低振动传递到周围环境中的噪声水平。例如在液压系统中，安装减振器可以减少液压泵、阀门和执行元件等关键部件的振动，降低系统产生的噪声。另一种方法是优化零部件结构设计。通过采用优化的结构设计和材料选择，可以降低系统的共振频率和振动幅度，从而减少振动和噪声的产生。例如在液压系统中，通过增加结构的刚度和强度，优化零部件的几何形状和布局，可以有效地降低系统的振动水平和噪声水平。此外，改进材料选择也是降低振动噪声的重要途径。选择合适的材料可以降低材料的内部摩擦和振动传递，减少系统的振动和噪声产生。例如在液压系统中，选择高强度、低密度的材料可以降低零部件的振动和噪声水平，提高系统的稳定性和可靠性。

2. 环保型工艺制造

环保型工艺制造在液压系统设计与制造中具有重要意义，它不仅能够降低对环境的影响，还能提高资源利用效率，促进可持续发展。采用环保型工艺制造方法和设备是现代工业发展的趋势之一，其核心是减少对环境的污染和资源的浪费，同时实现经济效益和社会效益的双赢。

一种常见的环保型工艺制造方法是采用低碳环保的加工方法。这种方法主要

包括采用先进的加工设备和技术，减少能源消耗和污染物排放。例如使用高效率的加工设备和工艺，如数控机床、高速切削技术等，可以大大降低加工过程中的能源消耗和废弃物产生。同时，采用绿色的加工液和润滑剂，避免使用有机溶剂和挥发性有机化合物，也能减少对环境的污染。另一个重要的环保型工艺制造方法是循环利用和再生利用。这种方法通过将废料和废弃物进行回收、处理和再利用，实现资源的最大化利用和循环利用。例如废旧液压元件和零部件可以进行拆解、清洗和修复，然后重新加工成新的产品，减少对原材料的需求，降低资源消耗和能源消耗。此外，采用循环利用的工艺制造方法还可以减少废物的排放，降低对环境的负面影响。

在实际应用中，环保型工艺制造方法需要与现有的生产工艺相结合，根据具体的生产情况和环境要求进行调整和改进。通过采用低碳环保的加工方法、循环利用和再生利用等环保型工艺制造方法，可以有效地降低液压系统制造过程中的环境污染和资源浪费，促进工业的可持续发展。

3. 减少材料损耗和开发新型材料

通过研发高耐磨、高强度、低摩擦系数的材料，不仅可以减少零部件的磨损和能量消耗，还能延长产品的使用寿命，降低对原材料的消耗。

一种常见的策略是利用先进的材料科学和工程技术，开发出新型材料，以满足液压系统对材料性能的要求。例如采用高性能的聚合物材料、复合材料或金属合金，具有优异的耐磨性、抗腐蚀性和疲劳强度，能够在恶劣的工作环境下保持稳定的性能，减少液压元件的磨损和损伤，从而延长产品的使用寿命。另一个重要的策略是优化材料的设计和加工工艺，以降低材料损耗。通过改进表面处理工艺、优化零部件结构设计等方式，可以减少材料的磨损和损耗。例如采用表面镀层、氮化处理等先进的表面处理技术，可以形成坚硬的保护层，提高零部件的耐磨性和抗腐蚀性；同时，通过优化零部件的结构设计，可以减少材料在运动过程中的应力集中，降低疲劳损伤，延长零部件的使用寿命。此外，还可以通过改进润滑和密封技术，降低摩擦和能量损耗。采用高效的润滑剂和密封件，可以减少零部件之间的摩擦阻力，提高液压系统的运行效率，降低能源消耗和材料损耗。

4. 优化密封结构和降低介质泄漏

介质泄漏不仅会导致能源浪费和系统性能下降，还可能造成环境污染和资源浪费。因此，采取有效的措施来优化密封结构和降低介质泄漏对于提高液压系统的效率和可靠性至关重要。

一是，开发液压管道连接技术是降低介质泄漏的关键。采用先进的管道连接

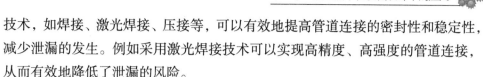

技术，如焊接、激光焊接、压接等，可以有效地提高管道连接的密封性和稳定性，减少泄漏的发生。例如采用激光焊接技术可以实现高精度、高强度的管道连接，从而有效地降低了泄漏的风险。

二是，研发新型密封材料是降低介质泄漏的另一重要途径。优化密封材料的性能，提高其耐磨性、耐高温性和耐腐蚀性，可以有效地提高密封件的密封性能，降低泄漏的可能性。例如采用高性能的聚合物材料或氟橡胶密封件，可以实现更高的密封性能和更长的使用寿命，从而减少了泄漏的发生。

三是，优化密封结构和精加工工艺也是降低介质泄漏的重要手段。通过优化密封件的结构设计，采用合理的密封面形状和密封件间隙，可以有效地提高密封件的密封性能，降低泄漏的风险。同时，采用精密加工工艺，确保密封面的平整度和光洁度，可以有效地提高密封件的密封性能，减少介质泄漏的发生。

5. 流体介质的回收处理和再利用

通过开发流体介质的回收处理和再利用工艺，可以有效地减少资源的浪费和环境的污染，实现液压系统的资源循环利用，从而促进整个行业的可持续发展。

一是，流体介质的回收处理需要建立完善的回收体系和处理流程。这包括设计合理的液压系统回收装置，建立液压系统介质回收的流程和规范，确保液压介质可以被有效地回收和处理。例如可以设置专门的回收装置，将液压系统中的介质进行回收，然后进行专门的处理和再利用。

二是，需要研发专用的液压元件拆解、回收和再制造工艺。这包括开发专用的拆解工具和设备，建立液压元件的拆解和回收流程，以及研发再制造工艺和技术，将回收的液压元件重新加工制造成新的产品。例如可以采用先进的拆解设备和技术，将液压元件进行拆解和分类，然后进行清洗、检测和修复，最终再制造成符合标准要求的新产品。

三是，需要建立流体介质回收处理和再利用的监管和管理制度。这包括建立液压系统介质回收的标准和规范，加强对液压介质回收处理过程的监管和检测，确保回收的介质符合环保和安全要求。同时，需要建立流体介质回收处理和再利用的管理机制，明确责任和义务，加强对回收处理过程的管理和监督。

（三）液压系统一体化和集成化

一体化液压系统指的是将传统液压系统中的各个组成部分进行整合，形成一个整体，实现多功能、高性能的液压系统。而集成化液压系统则是指将液压系统与其他相关技术（如电气控制、传感器技术等）进行集成，实现液压系统与其他系统之间的无缝连接和协同工作。

一是，液压系统一体化和集成化可以实现液压系统的柔性化。通过整合液压系统中的各个部件和功能，可以根据不同的应用需求定制出符合要求的液压系统，提高系统的灵活性和适应性。例如在工程机械领域，一体化液压系统可以根据具体的工作任务对液压系统进行优化设计，实现更加灵活多变的工作模式和动作控制。

二是，液压系统一体化和集成化可以实现液压系统的智能化。通过与电气控制技术的结合，液压系统可以实现更加智能化的控制和监测。例如利用传感器技术实时监测液压系统的工作状态，结合先进的控制算法进行智能调节，提高系统的响应速度和控制精度。这种智能化的液压系统可以更好地适应复杂多变的工作环境，提高系统的稳定性和可靠性。

三是，液压系统一体化和集成化还可以提高系统的效率和性能。通过整合和优化系统中的各个组成部分，可以减少系统的能量损耗和传输延迟，提高系统的能源利用率和工作效率。例如在工业生产领域，集成化液压系统可以将液压传动技术与先进的生产线控制系统集成，实现生产过程的自动化和智能化，提高生产效率和产品质量。

（四）应用场景普及化

在液压系统的应用方面，它正向日常生活普及、与人们生活自然融合的方向发展。例如：旋转马达广泛用于各种主题公园，并为游乐设施提供动力；旋转电机中的液压技术用于如摩天轮之类的游乐设施。此外，液压技术被应用于太阳能跟踪系统、波浪模拟器、船舶驾驶模拟器、地震再现、火箭助推器发射装置、航空航天环境模拟、高层建筑抗震系统和紧急制动装置。可以看到，液压传动控制技术不仅可以应用于众多的机械工程领域，也可以用于日常生活场景。

随着我国城镇化建设的加快和产业升级与结构的调整，工程机械、汽车工业、重型机械、农业机械、海工海事以及高端装备等领域都将取得稳步快速发展，因此液压行业必定拥有广阔的发展空间和应用前景。相关技术人员和科研机构需要高度重视液压传动控制技术的研究，持续创新，推动液压传动控制系统向着高集成化方向发展，实现我国制造业的可持续发展。

第三节 液压系统的设计和性能评估实践

一、液压系统设计考虑因素

（一）工作压力

1.确定最大工作压力

（1）系统工作环境分析

首先需要对液压系统的工作环境进行全面分析。考虑到系统所处的工作场景，例如工作温度、环境条件和负载特性等因素，以确定系统在最恶劣条件下所需承受的最大压力。

（2）负载要求考虑

在确定最大工作压力时，需要考虑系统所需承受的负载要求。根据系统的工作任务和负载特性，确定系统在工作过程中所受到的压力峰值，并将其作为最大工作压力的参考依据。

2.液压元件选型

（1）液压泵选型

根据确定的最大工作压力，选择适合的液压泵型号和规格。液压泵的工作压力范围应涵盖系统所需的最大工作压力，并具有一定的余量，以确保系统在各种工况下的稳定性和可靠性。

（2）阀门和管路设计

在确定最大工作压力后，需要选择相应的阀门和管路材料。阀门的额定压力和管路的耐压能力应符合系统的最大工作压力要求，以确保系统的安全性和稳定性。例如某液压升降系统在设计时考虑到工作环境恶劣，最大工作压力需达到100 MPa。在选型时，选择了能够承受100 MPa工作压力的柱塞泵，并配备了额定压力达到100 MPa的液压阀和耐压能力符合要求的管路材料。经过实际测试，系统表现出较好的稳定性和可靠性，满足了设计要求。

（二）流量需求

1. 确定最大流量和变化范围

一是，对液压系统中各个执行元件的工作需求进行分析，包括液压缸、液压马达等。根据工作任务和负载要求，确定系统所需的最大流量和流量的变化范围。二是，在确定最大流量和变化范围时，需要考虑系统所受负载的特性。不同负载情况下，系统所需的流量可能会有所不同，因此需要综合考虑系统在各种工作条件下的流量需求。

2. 液压泵和阀门选择

根据确定的最大流量和变化范围，选择适合的液压泵型号和规格。液压泵的流量输出需要能够满足系统在各种工作条件下的流量需求，同时考虑到系统的稳定性和可靠性。阀门类型和流量调节能力：选择适合的阀门类型和规格，确保其流量调节能力能够满足系统的流量变化需求。不同类型的阀门具有不同的流量调节特性，需要根据系统的实际情况进行选择，以实现对系统流量的精确控制。例如某液压升降系统在设计时考虑到需要承受最大流量为 100 L/min 的工作条件，并且系统在不同工作状态下流量需求会有所变化。在选型时，选择了能够输出 100 L/min 流量的液压泵，并配备了具有良好流量调节能力的比例阀。经过实际测试，系统能够稳定地满足不同工况下的流量需求，保证了系统的正常运行。

（三）工作温度

1. 温度影响因素

（1）液压油的黏度影响

液压油的黏度是影响液压系统正常工作的重要因素之一。随着温度的升高，液压油的黏度会降低，这可能导致以下问题：

①液压系统泄漏增加：在高温环境下，液压油的黏度降低，液压元件之间的密封性能可能会下降，增加泄漏风险。

②油液泵损耗增加：液压泵在高温环境下工作时，由于液压油黏度降低，可能导致泵内部泄漏增加，从而增加泵的损耗。

（2）密封件的弹性变化

工作温度的变化也会影响液压系统中的密封件，如 O 型圈、密封圈等。在高温环境下，密封件可能会变软或失去弹性，导致密封性能下降，增加了液压系统的泄漏风险。

（3）材料的耐温性

液压系统中使用的各种材料也具有一定的耐温性限制。在高温环境下，一些材料可能会发生软化、变形或氧化等现象，从而影响系统的可靠性和安全性。例如在某工业液压系统中，系统工作温度要求较高，达到 80 摄氏度以上。为了应对这一挑战，系统设计者选择了具有较高热稳定性和氧化稳定性的合成液压油，并对液压泵、阀门等液压元件进行了专门的材料选型和设计，确保其能够在高温环境下稳定运行。

2. 材料选择和散热措施

第一，对于高温工作环境，选择耐高温的液压元件材料至关重要。这包括耐高温液压油、耐热密封件和耐高温金属材料。耐高温液压油应具有较高的闪点和热稳定性，以确保在高温环境下不易氧化或降解。耐热密封件则需要选用具有良好耐高温性能的材料，如氟橡胶（FKM）或氟硅橡胶（FVMQ），以确保在高温条件下具有良好的密封性能。另外，在高温部件上使用耐高温的金属材料，如不锈钢或镍基合金，能够保证在高温环境下不易变形或氧化，从而保障系统的可靠性。

第二，对于低温工作环境，选择耐低温的液压元件材料同样至关重要。这包括耐低温液压油和耐低温密封件。耐低温液压油应具有良好的低温流动性和低温黏度，以确保在低温环境下系统能够正常启动和运行。同时，耐低温密封件需要选用具有良好耐低温性能的材料，如氟橡胶或丁腈橡胶（NBR），以确保在低温条件下具有良好的弹性和密封性能。

除了材料选择外，采取适当的散热措施也是确保液压系统在不同温度条件下稳定工作的关键。常见的散热措施包括安装散热器和冷却系统。散热器能够通过与外部介质（如水或空气）的换热来降低液压油的温度，保持系统的工作温度在合适范围内。另外，一些液压系统可能需要配备专门的冷却系统，通过循环冷却介质来降低系统的温度，确保系统在高温环境或高负荷工况下仍能正常运行。

（四）系统布局

1. 合理规划布局

（1）液压元件布局

在设计液压系统时，液压元件的合理布局是至关重要的。这包括泵、阀门和执行元件的安装位置。合理的布局可以最大程度地优化系统的运行效率和维护便捷性。

①泵的位置选择

液压泵的位置选择应考虑以下因素：

a. 与动力源的连接方式：直接驱动或间接驱动。

b. 与负载之间的距离：最小化压力损失和能量传输效率。

c. 安装空间和环境条件：确保泵的正常运行和维护。

d. 噪音和振动：避免对周围环境和人员造成干扰。

②阀门布局设计

液压系统中的阀门布局设计需要考虑以下方面：

a. 控制需求：根据系统的功能需求选择不同类型的阀门，如方向控制阀、流量控制阀等。

b. 流动路径：确保阀门的布局能够实现预期的液压流动路径，并尽量减少压力损失。

c. 安全性和可维护性：阀门的布局应便于操作、维护和更换。

③执行元件的安装位置

执行元件（如液压缸或液压马达）的安装位置直接影响系统的性能和效率：

a. 负载位置：根据工作需求合理安装执行元件，以实现最佳的负载运动。

b. 运动平衡：确保负载在运动过程中的平衡和稳定。

c. 力的传递：优化执行元件的位置以最大程度地传递力和运动。

（2）管路设计与连接方式

液压管路的设计和连接方式直接影响系统的能量传输效率和泄漏风险。

①管路布局设计

合理的管路布局设计需要考虑以下几个方面：

a. 管路长度和直径：选择合适的管路长度和直径以最小化压力损失。

b. 弯头和连接件：尽量减少弯头和连接件，以降低能量损失和泄漏风险。

c. 排气装置：在设计中考虑排气装置，以确保系统运行稳定。

②管路连接方式

不同的管路连接方式对系统的效率和可靠性有不同的影响：

a. 焊接连接：提供最佳的密封性和连接强度，但可能需要专业技能进行安装。

b. 螺纹连接：易于安装和维护，但可能存在泄漏风险。

c. 快速接头：提供快速拆卸和连接，适用于需要频繁维护的部件。

2. 减少能量损失和泄漏风险

（1）优化管路设计

合理的管路设计可以有效减少能量损失和泄漏风险：

①最小化管路长度和弯头，以减少压力损失。

②使用优质的管路材料和密封件，确保系统的密封性和可靠性。

③定期检查和维护管路，及时发现并修复潜在的泄漏问题。

（2）密封技术的应用

密封技术在减少泄漏风险方面发挥着关键作用：

①选择适合的密封件材料和类型，以确保在高压和高温环境下的可靠性。

②使用正确的安装方法和工具，确保密封件的有效性。

③定期检查和更换密封件，防止因老化或磨损而导致的泄漏问题。

（3）系统运行监控与优化

系统运行监控与优化是减少能量损失和泄漏风险的重要手段：

①定期对液压系统进行性能监测，及时发现和解决能量损失和泄漏问题。

②通过调整和优化系统参数，提高系统的工作效率和可靠性。

③培训操作人员，加强对系统维护和监控的重视，以预防和减少泄漏风险。

二、性能评估方法与实践案例分析

（一）静态性能评估

1. 工作压力测量

（1）压力传感器的应用

在液压系统中，压力传感器是评估系统工作状态的重要工具之一。其应用包括但不限于以下几个方面：

①实时监测压力变化：压力传感器安装在系统关键位置，能够实时监测系统内的压力变化，提供数据支持。

②记录工作条件：压力传感器记录下系统在不同工作条件下的压力值，为系统性能评估提供数据基础。

③故障诊断：异常压力值可能暗示系统存在问题，通过对压力数据的分析可以及时发现并解决潜在故障。

（2）压力测量方法

测量液压系统的工作压力需要选择合适的方法和工具：

①直接测量法：使用压力表或压力传感器直接安装在系统管路上，通过读取

压力表指示或传感器输出值来获取压力数据。

②间接测量法：使用液压试验台或压力测试设备，通过施加外力或压力来间接测量系统的工作压力。

静态与动态压力测量：静态压力测量指系统处于静止状态时的压力测量，而动态压力测量则指系统在工作过程中的压力测量。

（3）压力数据分析与评估

获得压力数据后，需要进行分析与评估：

①与设计要求对比：将实测的压力值与系统设计要求进行对比，评估系统的工作压力是否在合理范围内。

②压力稳定性分析：分析系统在不同工况下的压力稳定性，评估系统的性能是否稳定可靠。

③异常压力处理：对于超出设计范围的异常压力，需要进行进一步的分析，并采取相应的措施解决问题，确保系统安全运行。

2. 流量检测

（1）流量计的选择与应用

在液压系统中，流量计是评估流体流动情况的关键设备之一：

①种类选择：根据液体性质、流量范围和精度要求选择合适的流量计，常见的包括涡轮流量计、涡街流量计和电磁流量计等。

②安装位置：流量计应安装在系统中流速较高的位置，以确保测量的准确性和可靠性。

数据采集：流量计通过实时采集液体流量数据，为系统性能评估提供重要依据。

（2）流量数据分析与评估

获取流量数据后，需要进行分析与评估：

①流量稳定性评估：分析系统在不同工况下的流量稳定性，评估系统的流量输出是否稳定可靠。

②流量与设计要求对比：将实测的流量值与系统设计要求进行对比，评估系统的流量输出是否满足工作要求。

③异常流量处理：对于异常流量或流量波动较大的情况，需要进一步分析原因，并采取相应措施解决问题，确保系统稳定运行。

3. 温度监测

（1）温度传感器的应用

液压系统中的温度传感器用于监测液体的温度变化，保证系统在安全温度范围内工作：

①位置选择：温度传感器应安装在系统关键部位，如油箱、液压泵或执行元件附近，以准确监测温度变化。

②数据采集：温度传感器实时采集系统的温度数据，为系统性能评估提供基础。

（2）温度数据分析与评估

获取温度数据后，需要进行分析与评估：

①与设计要求对比：将实测的温度值与系统设计要求进行对比，评估系统的散热效果和液体稳定性。

②温度变化趋势分析：分析系统在不同工况下的温度变化趋势，评估系统的散热性能是否满足要求。

③异常温度处理：对于异常温度或温度过高的情况，需要进行进一步分析，并采取相应措施解决问题，确保系统安全运行。

（二）动态性能评估

1.响应速度测试

（1）测试方法与工具

评估液压系统的响应速度需要选择合适的测试方法和工具：

①输入信号变化法：通过改变系统的输入信号，如阀门开度或液压泵流量，观察系统的响应时间。

②负载变化法：通过改变系统的工作负载，如改变负载的速度或力，观察系统的响应速度。

③测试工具：使用高速数据采集器、振动传感器等设备实时记录系统的响应数据。

1.2 数据分析与评估

获取响应速度数据后，需要进行分析与评估：

①响应时间测量：分析系统从接收到输入信号或负载变化到产生响应的时间，评估系统的响应速度。

②动态特性分析：分析系统在不同工况下的动态响应特性，如过冲现象、稳态误差等，评估系统的动态性能表现。

③与设计要求对比：将实测的响应速度与系统设计要求进行对比，评估系统是否满足设计要求。

2. 控制精度分析

（1）控制系统性能测试

评估液压系统的控制精度需要进行相应的性能测试：

①闭环控制实验：设计合适的闭环控制实验，通过改变输入信号或工作负载，评估系统的控制性能。

②系统响应测试：观察系统在不同控制条件下的响应特性，如稳定性、抗干扰能力等。

（2）数据分析与评估

获取控制性能数据后，需要进行分析与评估：

①控制精度评估：分析系统在不同工况下的控制精度，评估系统的控制稳定性和准确性。

②稳态误差分析：分析系统在稳态工作时的误差情况，评估系统的控制精度。

③与设计要求对比：将实测的控制性能与系统设计要求进行对比，评估系统是否满足设计要求。

3. 响应速度与控制精度优化

（1）参数调整与优化

根据动态性能评估结果，可以采取以下措施对系统进行优化：

①参数调整：调整系统的控制参数，如比例、积分、微分参数，以提高系统的响应速度和控制精度。

②阀门响应优化：优化阀门的设计和控制方式，以减小阀门的响应时间，提高系统的动态性能。

③负载匹配：优化系统的负载匹配，使系统在不同工况下都能保持较好的动态响应特性。

（2）技术改进与更新

持续进行技术改进和更新也是提高液压系统动态性能的重要手段：

①采用先进技术：将新型传感器、控制算法等先进技术应用于液压系统中，提高系统的响应速度和控制精度。

②系统优化设计：在系统设计阶段考虑动态性能的要求，进行系统优化设计，以提高系统的整体动态性能。

（三）实践案例分析

以某液压升降系统为例，系统设计考虑了工作压力、流量需求和工作温度等

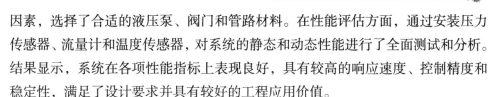

因素，选择了合适的液压泵、阀门和管路材料。在性能评估方面，通过安装压力传感器、流量计和温度传感器，对系统的静态和动态性能进行了全面测试和分析。结果显示，系统在各项性能指标上表现良好，具有较高的响应速度、控制精度和稳定性，满足了设计要求并具有较好的工程应用价值。

1. 系统设计与优化

（1）设计考虑因素

液压升降系统的设计考虑了多个关键因素：

①工作压力：根据系统需求和工作环境确定合适的工作压力范围，以确保系统正常运行和安全性。

②量需求：根据升降装置的负载情况和工作速度确定液压泵的流量需求，以满足系统对液体流量的要求。

③工作温度：考虑系统在不同工作条件下的工作温度变化，选择适合的液压元件和管路材料，以确保系统的稳定性和可靠性。

（2）设备选择与优化

根据设计考虑因素，选择了合适的液压泵、阀门和管路材料：

①液压泵：选择了具有良好性能和稳定性的液压泵，以满足系统对流量的需求，并尽可能减小能量损失。

②阀门：选择了响应速度快、控制精度高的阀门，以确保系统具有良好的控制性能和稳定性。

③管路材料：选择了耐高压、耐腐蚀的管路材料，如不锈钢或高强度合金，以确保系统在各种工作环境下都能稳定运行。

2. 静态性能评估

（1）压力、流量、温度测试

通过安装压力传感器、流量计和温度传感器，对系统的静态性能进行了全面测试：

①压力测试：测量系统在不同工作条件下的压力变化，评估系统的工作压力是否在设计范围内。

②流量测试：实时监测系统中液体的流动情况，评估系统的流量输出是否满足工作要求。

③温度测试：监测系统在不同工作条件下的温度变化，评估系统的散热效果和液体稳定性。

（2）结果分析与评估

根据测试结果进行数据分析和评估：

①工作压力：压力测试结果显示系统在设计范围内稳定工作，满足了工作压力要求。

②流量输出：流量测试数据表明系统的流量输出稳定可靠，满足了工作要求。

③温度稳定性：温度测试结果显示系统在不同工作条件下温度变化较小，具有良好的散热效果和液体稳定性。

3. 动态性能评估

（1）响应速度测试

通过改变系统的输入信号或工作负载，观察系统的响应时间和动态性能表现：

①输入信号变化法：测试系统对输入信号变化的响应速度，评估系统的动态性能。

②负载变化法：测试系统在不同负载条件下的响应特性，评估系统的动态稳定性和响应速度。

（2）控制精度分析

进行闭环控制实验或控制系统的性能测试，评估系统在不同工况下的控制精度和稳定性：

①闭环控制实验：测试系统在不同工况下的控制性能，评估系统的控制精度和稳定性。

②系统响应测试：观察系统在不同控制条件下的响应特性，分析系统的控制性能和稳定性。

（3）结果分析与评估

根据动态性能评估结果进行数据分析和评估：

①响应速度：测试结果显示系统具有较高的响应速度和稳定性，满足了设计要求。

②控制精度：控制性能测试结果表明系统具有较高的控制精度和稳定性，满足了工程应用要求。

4. 结果与应用价值

通过对实践案例的分析与评估，可以得出以下结论：

（1）系统性能优秀：经过全面测试和分析，系统在静态和动态性能方面表现良好，具有较高的响应速度、控制精度和稳定性。

（2）工程应用价值：该液压升降系统满足了设计要求，并具有较好的工程

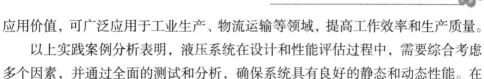

应用价值，可广泛应用于工业生产、物流运输等领域，提高工作效率和生产质量。

　　以上实践案例分析表明，液压系统在设计和性能评估过程中，需要综合考虑多个因素，并通过全面的测试和分析，确保系统具有良好的静态和动态性能。在实践中，科学合理的设计和严格的性能评估，是确保液压系统稳定运行和应用价值的关键。

第六章 数控技术在机械设计中的应用

第一节 数控加工的基本概念和工艺过程

一、数控加工原理

（一）数控系统的组成

1. 数控设备

数控设备是数控加工系统的重要组成部分，包括数控机床和数控工作台等。数控机床是数控加工的主要设备之一，根据加工需求可分为车床、铣床、钻床等类型。数控工作台则是用于支撑和固定工件的工作平台，提供加工时所需的稳定支撑。

2. 程序输入装置

程序输入装置是将加工程序输入数控系统的设备，常见的形式包括键盘、磁带、软盘或直接连接计算机等。通过这些装置，操作人员可以将预先编写好的加工程序输入到数控系统中，以便后续的加工操作。

3. 数控装置

数控装置是数控系统的核心部件，负责解释输入的加工程序，并将其转换成相应的电信号，控制执行机构按照程序指令进行动作。数控装置通常包括控制器、插补器、编码器等组成，通过这些部件实现对加工过程的精确控制。

4. 执行机构

执行机构是根据数控装置发出的指令，实现具体加工动作的部件，常见的执行机构包括电机、液压缸等。这些执行机构负责驱动刀具或工件相对运动，实现加工过程中的切削、定位等操作。

（二）工作原理

1. 数控装置的工作原理

数控装置通过解释数控程序，将其转换成相应的电信号，再通过控制器对执行机构进行控制。其工作原理基于坐标系描述工件上各点的位置，并通过数学运算确定加工刀具相对于工件的位置和运动轨迹，从而实现对工件的精确加工。

2. 加工过程中的坐标系

在数控加工中，常用的坐标系包括机床坐标系、工件坐标系和程序坐标系。机床坐标系是数控机床固有的坐标系，用于描述机床本身的运动；工件坐标系是工件上确定的坐标系，用于描述工件的几何形状和位置；程序坐标系是编写加工程序时使用的坐标系，通过坐标变换可以将程序坐标系转换成机床坐标系或工件坐标系，实现加工路径的规划和控制。

3. 数学运算在加工中的应用

数学运算在数控加工中起着至关重要的作用，包括插补运算、轨迹规划、切削参数计算等。插补运算用于确定刀具的运动轨迹，常见的插补算法包括直线插补、圆弧插补等；轨迹规划则是根据加工路径和工件形状，确定刀具的运动路径和加工顺序；切削参数计算则是根据加工要求和材料特性，确定切削速度、进给速度等加工参数，保证加工质量和效率。

（三）数控加工的优势和特点

数控加工相比传统加工具有如下优势和特点：

1. 高精度

数控系统具有精密的控制能力和稳定的执行机构，使得数控加工能够实现高精度的加工，满足复杂零件的加工需求。这一优势主要体现在以下几个方面：

（1）精密的控制系统

数控系统采用精密的控制算法和高性能的控制器，能够实现对加工过程中各项参数的精确控制，如切削速度、进给速度、刀具位置等，从而保证加工的精度。

（2）稳定的执行机构

数控机床配备了精密的执行机构，如伺服电机、液压系统等，能够提供稳定的动力输出和运动控制，保证加工过程中工件的位置、形状的稳定性和一致性。

（3）高精度的传感器

数控系统使用高精度的位置传感器和编码器，能够实时监测工件和刀具的位置，提供精确的反馈信息，有助于实现精密加工。

2. 高效率

数控加工具有高效率的特点，主要表现在加工速度快、自动化程度高等方面，从而大大提高了生产效率。以下是数控加工高效率的几个方面：

（1）自动化程度高

数控加工系统实现了加工过程的自动化控制，减少了人工操作，提高了加工效率。操作人员只需编写加工程序和监控加工过程，大大减少了人力成本和加工周期。

（2）快速的加工速度

数控机床配备了高速的伺服电机和快速的进给系统，能够实现快速的切削和定位，加速了加工过程，缩短了加工周期。

（3）灵活的加工方式

数控加工系统可以根据不同的加工需求和工件特点，灵活调整加工参数和加工路径，实现高效的加工。同时，通过优化加工程序和工艺流程，进一步提高了加工效率。

3. 灵活性

数控加工具有灵活性强的特点，能够快速适应不同工件的加工需求，从而提高了生产的灵活性和适应性。以下是数控加工灵活性的几个方面：

（1）可编程性强

数控加工系统可以通过修改加工程序，实现不同加工路径和加工方式的切换，适应不同工件的加工需求，提高了生产的灵活性。

（2）快速调整参数

操作人员可以通过调整加工程序中的参数，如切削速度、进给速度、刀具路径等，快速适应不同加工材料和加工要求，提高了加工的灵活性和适应性。

（3）支持多种加工方式

数控加工系统支持多种加工方式，如铣削、车削、钻削等，可以在同一台机床上实现多种加工操作，灵活应对不同工件的加工需求。

4. 自动化程度高

数控加工具有自动化程度高的特点，减少了人工操作，降低了人为因素对加工质量的影响，提高了加工稳定性和一致性。以下是数控加工自动化程度高的几个方面：

（1）减少人工干预

数控加工系统实现了加工过程的自动化控制，减少了人工操作和干预，降低了人为因素对加工质量的影响，提高了加工稳定性和一致性。

（2）精确的控制系统

数控系统采用精密的控制算法和高性能的控制器，能够实现对加工过程的精确控制，保证了加工质量的稳定性和一致性。

（3）自动化生产线

数控加工系统可以与其他自动化设备配合使用，构建自动化生产线，实现生产过程的全面自动化，进一步提高了生产效率和产品质量。

二、工艺流程

（一）零件设计

零件设计是数控加工工艺流程的首要步骤，它直接影响到后续加工的顺利进行以及加工零件的质量和效率。在零件设计阶段，设计师利用 CAD 软件创建零件的三维模型，确定零件的几何形状、尺寸和特征。具体来说，零件设计包括以下几个方面：

1. 几何形状设计

根据零件的功能和使用要求，设计师确定零件的几何形状，包括外形轮廓、孔径、倒角等。这些几何形状需要满足零件的功能需求和加工的可行性。

2. 尺寸确定

在零件设计过程中，需要确定零件的尺寸，包括长度、宽度、高度等。这些尺寸需要根据零件的使用环境和工作条件来确定，保证零件能够正确地配合和运行。

3. 特征设计

零件设计还包括确定零件的特征，如螺纹、键槽、齿轮等。这些特征需要根据零件的功能要求和加工工艺来设计，保证零件能够完成预期的功能。

零件设计完成后，设计师会生成零件的三维模型，并进行必要的检查和修正，确保零件的设计符合要求，可以顺利进行后续的加工工艺。

（二）程序编制

零件设计完成后，需要编写加工程序，这是数控加工的关键环节之一。程序员根据零件的几何特征和加工要求，使用CAM软件编写数控加工程序。具体来说，程序编制包括以下几个步骤：

1. 几何建模

在数控加工中，几何建模是实现零件加工的第一步。程序员根据零件的三维模型，利用计算机辅助制造（CAM）软件进行几何建模。这一过程涉及到对零件进行数字化描述，将其转化为机床可以理解、执行的刀具路径和加工顺序。在几何建模中，程序员需要考虑零件的形状、尺寸、特征以及加工工艺的要求，确保生成的模型能够准确地反映实际加工过程中的情况。通过几何建模，程序员可以为后续的刀具路径规划和切削参数设置提供重要的参考依据。

2. 刀具路径规划

刀具路径规划是数控加工中的关键步骤之一，它直接影响到加工质量和效率。程序员在这一阶段根据零件的几何形状和特征，确定刀具的运动轨迹和加工路径。这包括粗加工、精加工、倒角等操作。在进行路径规划时，程序员需要考虑诸如刀具尺寸、切削方向、过渡方式等因素，以确保刀具在加工过程中能够顺利地移动，并且保证加工表面的质量。此外，路径规划还需要充分考虑加工效率和刀具寿命，以提高加工效率并降低成本。

3. 切削参数设置

切削参数设置是数控加工中的重要环节，直接影响到加工质量和加工效率。在这一阶段，程序员需要根据材料的硬度、刀具的材质和几何形状以及加工要求等因素，设置切削参数，包括切削速度、进给速度、切削深度等。合理的切削参数设置能够保证加工过程中的稳定性和精度，并且最大限度地发挥刀具的性能。程序员需要结合实际情况进行调整和优化，以确保达到最佳的加工效果。

4. 工艺顺序规划

工艺顺序规划是数控加工中的关键步骤之一，它直接影响到加工效率和成品质量。在这一阶段，程序员需要根据零件的特点和加工要求，确定加工的工艺顺序，包括先粗加工后精加工、先外轮廓再孔加工等。合理的工艺顺序规划能够确保加工过程的顺利进行，并且最大限度地提高加工效率。程序员需要综合考虑诸如零件结构、加工难度、机床设备的特点等因素，灵活地选择和调整工艺顺序，以满足不同零件的加工需求。

编制好的加工程序需要经过检查和验证，确保程序的正确性和可靠性，以便后续的加工操作顺利进行。

（三）工艺规划

工艺规划是确定加工过程中的具体步骤和工艺参数，是数控加工的关键环节之一。在工艺规划阶段，工艺师根据零件的特点和加工要求，制定加工方案，包括选择合适的刀具、切削速度、进给速度等。具体来说，工艺规划包括以下几个方面：

1. 刀具选择

刀具选择是工艺规划的首要任务之一。在数控加工中，选择合适的刀具对于保证加工质量和提高加工效率至关重要。工艺师需要根据零件的几何形状、材料特性以及加工要求来选择刀具类型和规格。例如在面铣加工中，通常会选择平面铣刀、球头铣刀等；在孔加工中，则可能选择钻头、镗刀等。刀具的选择不仅要考虑到其形状和尺寸，还需要考虑到其材料、涂层等特性，以确保刀具具有足够的刚性和耐磨性，在加工过程中能够稳定运行，并且能够满足加工表面的精度要求。

2. 切削参数确定

切削参数的确定是工艺规划的另一个关键环节。切削参数包括切削速度、进给速度、切削深度等，它们直接影响到加工过程中切削力的大小、加工表面的质量以及刀具的寿命。工艺师需要根据材料的硬度、刀具的材质和几何形状以及加工要求等因素，综合考虑并确定合适的切削参数。一般来说，硬度较高的材料需要较低的切削速度和进给速度，以减小切削力和延长刀具寿命；而硬度较低的材料则可以采用较高的切削速度和进给速度，以提高加工效率。

3. 加工顺序规划

加工顺序规划是工艺规划的另一个重要方面。合理的加工顺序能够最大限度地提高加工效率，并且保证加工过程的顺利进行。工艺师需要根据零件的几何形状和加工特点，确定合适的加工顺序和步骤。一般来说，应优先选择先粗加工后精加工的加工顺序，以便尽快地去除多余材料，减小加工余量，提高加工效率。此外，还需要考虑到零件的固定方式、刀具的更换次数等因素，在保证加工质量的前提下，尽可能地减少加工时间和加工成本。

工艺规划需要综合考虑零件的几何形状、材料特性和加工要求，制定合理的加工方案，以提高加工效率和加工质量。

（四）加工准备

在实际加工之前，需要进行加工准备工作，包括选择合适的数控机床或工作台，安装刀具和夹具，调试数控系统，加载加工程序等。具体来说，加工准备包括以下几个步骤：

1.机床选择

机床选择是加工准备的首要步骤之一。根据零件的尺寸、几何形状和加工要求，选择适合的数控机床或工作台至关重要。不同的加工任务需要不同类型的机床来完成，如铣床、车床、钻床等。在选择机床时，需要考虑到零件的大小、复杂度、加工精度要求以及加工效率等因素。同时，还需要考虑到机床的稳定性、刚性、精度和可靠性等性能指标，以确保能够满足加工要求。

2.刀具安装

刀具安装是加工准备中的重要环节之一。在选择好合适的刀具后，需要将刀具安装到机床上，并进行必要的调整和固定，以确保刀具的稳定性和精度。在安装过程中，需要注意刀具的安装方向、固定方式以及刀具与工件的相对位置等因素，以确保切削过程的稳定性和加工质量。

3.夹具安装

夹具安装是加工准备的另一个重要环节。根据零件的形状和加工要求，选择合适的夹具，并将工件固定在夹具上，以确保工件的稳固固定和加工精度。在安装夹具时，需要注意夹具的选择和调整，确保夹具能够牢固地夹持工件，并且不会对加工过程造成干扰或损坏。

4.数控系统调试

数控系统调试是加工准备中的关键环节之一。在进行加工操作之前，需要对数控系统进行调试和检查，确保系统能够正常运行。调试内容包括数控系统的电气连接、机械传动、数控编程等方面。同时，还需要加载预先编写好的加工程序，并进行必要的参数设置和校验，以确保程序的正确性和可靠性。

5.加工程序加载

加工程序加载是加工准备的最后一步。将预先编写好的加工程序加载到数控系统中，并进行必要的参数设置和校验，以确保程序的正确性和可靠性。在加载过程中，需要注意程序的版本和格式，以及与实际加工要求的匹配程度，确保加工程序能够准确地指导机床进行加工操作。

加工准备工作的完成，为后续的加工操作奠定了基础，保证了加工过程的顺利进行。

（五）加工操作

一切准备就绪后，开始进行加工操作。数控系统根据预先编写的加工程序，控制机床按照设定的路径和参数进行加工，完成零件的加工。具体来说，加工操作包括以下几个步骤：

1. 程序调用

程序调用是加工操作的首要步骤之一。在一切准备就绪后，操作人员需要调用预先加载好的加工程序，并根据加工要求设置加工参数，如切削速度、进给速度等。在调用程序时，操作人员需要仔细核对程序名称、版本和加工内容，确保程序的正确性和可靠性。同时，还需要根据具体的加工要求和工件特点，进行相应的参数设置和调整，以确保加工过程的顺利进行和加工质量的稳定性。

2. 加工启动

加工启动是加工操作的关键环节之一。一旦程序调用完成，操作人员即可启动数控机床，开始加工操作。在加工启动前，操作人员需要仔细检查机床和刀具的状态，确保机床和刀具运行正常，并且没有异常情况发生。同时，还需要确保工件和夹具的稳固固定，以防止在加工过程中出现移动或抖动，影响加工质量。一旦确认一切就绪，操作人员即可启动机床，让数控系统根据程序指令控制刀具进行切削和定位，开始加工操作。

3. 加工监控

加工监控是加工操作的重要环节之一。在加工过程中，操作人员需要不断监控加工状态和加工质量，及时调整加工参数和程序指令，确保加工质量和效率。监控内容包括切削情况、加工表面质量、加工速度等。一旦发现加工过程中出现异常情况，如切削过程中出现振动或异响、加工表面出现瑕疵或不良等，操作人员需要及时停止加工操作，排除故障并进行调整，以确保加工质量和安全性。同时，还需要及时记录加工数据和参数，为后续的加工优化和质量控制提供参考依据。

加工操作需要操作人员具备一定的加工技能和经验，确保加工过程的安全和稳定。

（六）检验和修正

加工完成后，需要对加工零件进行检验，检查其尺寸精度和表面质量是否符合要求。如有需要，可以对加工程序进行修正，再次加工，直到达到要求。具体来说，检验和修正包括以下几个步骤：

1. 尺寸检测

尺寸检测是检验和修正的首要步骤之一。使用测量仪器对加工零件的尺寸进行检测，确保其几何形状和尺寸与设计要求相符。常用的测量仪器包括千分尺、游标卡尺、坐标测量机等。在进行尺寸检测时，需要选择合适的测量方法和测量点，保证测量结果的准确性和可靠性。一旦发现加工零件存在尺寸偏差，需要及时记录并进行分析，为后续的修正工作提供参考依据。

2. 表面质量检查

表面质量检查是检验和修正的另一个重要环节。检查加工零件的表面质量，包括表面粗糙度、平整度等，确保其表面质量符合要求。常用的检测方法包括目视检查、手感触摸以及表面粗糙度测量仪器等。在进行表面质量检查时，需要根据加工要求和设计要求进行评估，并及时记录检测结果。如果发现加工零件存在表面缺陷，需要及时进行修正，以保证加工质量和外观效果。

3. 程序修正

程序修正是检验和修正的最后一步。如果发现加工零件存在尺寸偏差或表面缺陷，需要对加工程序进行修正，调整加工参数和刀具路径，重新加工零件。在进行程序修正时，需要根据尺寸检测和表面质量检查的结果，分析加工问题的原因，并采取相应的措施进行修正。修正内容包括调整切削速度、进给速度、切削深度等加工参数，以及优化刀具路径和切削策略，以达到更好的加工效果。

检验和修正工作的完成，保证了加工零件的质量和精度，提高了加工的稳定性和一致性。

（七）完工与总结

对加工过程进行总结，包括加工时间、成本、质量等方面的评估，为今后的加工工作提供经验和参考。具体来说，完工与总结包括以下几个方面：

1. 加工效率评估

加工效率评估是完工与总结的首要方面之一。通过对加工过程的效率进行评估，分析加工时间和成本，找出影响加工效率的因素，并提出改进措施。在评估加工效率时，需要考虑到机床的利用率、加工刀具的使用效率、程序运行的稳定性和人员操作的熟练程度等因素。通过对这些因素进行综合评估，找出影响加工效率的主要问题，并针对性地提出改进建议，以提高加工效率和降低加工成本。

2. 质量评估

质量评估是完工与总结的另一个重要方面。对加工零件的质量进行评估，分析加工精度和表面质量，找出存在的问题，并提出改进建议。在评估质量时，需要考虑到零件的尺寸精度、几何形状精度和表面粗糙度等指标。通过对这些指标进行检测和分析，发现加工过程中存在的质量问题，并及时采取措施进行修正和改进，以提高加工零件的质量水平。

3. 经验总结

经验总结是完工与总结的最后一步。总结加工过程中的经验和教训，为今后的加工工作提供参考，提高工作效率和质量水平。在进行经验总结时，需要考虑到加工过程中出现的问题、解决问题的方法和取得的成果等方面。通过对这些经验进行总结和归纳，可以形成一套完善的加工经验体系，为今后的加工工作提供指导和借鉴。

第二节 数控编程和数控机床的操作

一、数控编程语言与编程方法

（一）数控编程语言概述

数控编程语言是数控加工领域中的核心组成部分，它承载着定义加工过程中机床应执行的操作的重要任务。在数控编程语言中，主要包括 G 代码、M 代码和辅助功能代码等几种类型，它们各自担负着不同的功能和作用。G 代码被用于定义加工轨迹和运动方式，它规定了机床在加工过程中各个轴向的运动轨迹，包括直线插补、圆弧插补等，从而实现对加工路径的精确控制。通过 G 代码，操作者可以精确地描述加工零件的形状、尺寸和表面特征，为数控机床提供加工指令的准确来源。

与 G 代码不同，M 代码主要用于定义机床的辅助功能，例如刀具换装、冷却液开启等。M 代码的作用是对机床进行辅助控制，使其在加工过程中能够按照预先设定的要求完成各种辅助功能，从而提高加工效率和保障加工质量。除了 G 代码和 M 代码之外，辅助功能代码也是数控编程语言中的重要组成部分，它用于控制机床的一些附加功能，如刀具长度补偿、坐标系变换等。通过辅助功能代码，操作者可以对加工过程进行更加精细的控制和调整，以满足不同加工任务的需求。

总体而言，数控编程语言是数控加工的重要指导工具，它为加工过程提供了精确的指令和控制，使得数控机床能够高效、精准地完成各种加工任务。不同类型的数控编程语言可以适用于不同类型的加工任务，如铣削、车削、钻削等，为加工领域的发展和进步提供了强大的支持和保障。

（二）数控编程方法

1.手动编程

手动编程是最基础的数控编程方法之一，它要求操作人员直接通过编写代码来定义加工过程。这种方法需要操作人员对数控编程语言和加工工艺有较深的理解和掌握。手动编程适用于简单的加工任务和小批量生产，具有以下特点：

（1）精确控制：操作人员可以精确地控制加工过程中的每一个步骤和参数，适用于对加工精度要求较高的任务。

（2）灵活性：可根据具体需求灵活调整加工参数和路径，适应不同加工要求。

（3）学习曲线陡峭：需要操作人员具备较高的数控编程和加工工艺知识，学习曲线较为陡峭，需要较长时间的培训和实践。

2.CAD/CAM编程

CAD/CAM编程是一种基于计算机辅助设计和制造的编程方法，操作人员通过CAD软件绘制零件的三维模型，并通过CAM软件生成数控加工程序。这种方法能够实现自动化的编程过程，提高编程效率和精度，适用于复杂零件的加工和大批量生产。CAD/CAM编程具有以下特点：

（1）自动化：CAM软件能够根据CAD模型自动生成加工路径和程序，减少了人工干预，提高了编程效率。

（2）精度高：基于CAD模型生成的加工程序精度高，能够确保加工质量和一致性。

（3）成本较高：需要投入较高的成本用于购买CAD/CAM软件和培训操作人员，适用于长期大规模生产的场景。

3.参数化编程

参数化编程是一种利用参数化特性来生成数控加工程序的编程方法。操作人员通过定义一些基本的几何特征和加工参数，并根据具体的加工要求进行调整，即可生成相应的加工程序。这种方法能够快速生成加工程序，适用于具有一定规律性的加工任务和批量生产。参数化编程具有以下特点：

（1）快速生成：通过调整参数即可生成不同的加工程序，适用于相似零件的生产。

（2）灵活性：可根据具体需求调整参数，满足不同加工要求，提高了生产的灵活性和适应性。

（3）适用范围受限：对于复杂形状的零件或特殊加工需求，参数化编程的

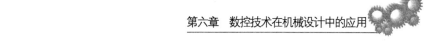

适用范围相对受限。

（三）数控编程语言的特点

1. 高度结构化

数控编程语言具有高度结构化的特点，这体现在以下几个方面：

（1）严格的语法规则：数控编程语言遵循严格的语法规则和格式要求，编写的程序必须符合规定的格式，否则会导致编译错误或加工异常。

（2）逻辑清晰：程序结构清晰，包括程序头部、主程序和子程序等部分，每一部分都有明确的功能和作用，使得程序易于理解和维护。

（3）代码模块化：可以将程序分解为多个模块，每个模块负责特定的功能，提高了代码的复用性和可维护性。

高度结构化的数控编程语言能够确保加工程序的正确性和可靠性，提高了加工效率和产品质量。

2. 可扩展性强

数控编程语言具有很强的可扩展性，主要表现在以下几个方面：

（1）机床适配性：可根据不同的机床型号和加工要求进行定制和扩展，使得编程语言能够适应不同机床的特性和性能。

（2）加工功能扩展：可根据加工需求和技术发展进行功能扩展，引入新的加工功能和特性，满足不断变化的加工需求。

（3）定制化开发：可以根据用户需求进行定制化开发，开发专用的编程语言和功能模块，提高了编程的灵活性和适应性。

强大的可扩展性使得数控编程语言能够不断适应新的加工技术和需求，保持其在数控加工领域的领先地位。

3. 易于理解和掌握

数控编程语言的易于理解和掌握是其受欢迎的重要原因，主要表现在以下几个方面：

（1）简洁明了的语法：数控编程语言的语法简洁明了，采用常见的数学符号和逻辑结构，使得程序易于理解。

（2）操作简单：编程工作不需要太高的数学和编程背景，操作人员只需掌握基本的数学知识和加工工艺即可进行编程。

（3）配套工具支持：配套有专门的编程软件和教程，操作人员可以通过培训和实践快速掌握编程技能。

易于理解和掌握的数控编程语言降低了编程门槛，扩大了人员队伍，促进了数控技术的普及和应用。

二、数控机床操作技巧

（一）数控机床的基本操作

1. 开机与关机

开机前应仔细检查数控机床各部位是否正常，包括机床本体、控制系统、润滑系统等。确保机床处于良好的工作状态后，按照操作手册或标识上的指示，按顺序打开机床电源，并启动数控系统。关机时应先将程序停止，并进行必要的清理和维护，如清除工作台上的杂物和切屑，润滑机床各部位，关闭机床电源等，以确保机床的安全和长期稳定运行。

2. 程序加载

程序加载是数控加工的关键步骤之一。操作人员将预先编写好的加工程序加载到数控系统中，并根据实际加工需求进行参数设置和校验。在加载程序前，应仔细检查程序的正确性和完整性，确保加工过程中不会出现错误或异常。加载程序后，操作人员还需进行必要的参数设置，如切削速度、进给速度、切削深度等，以确保加工过程的稳定性和效率性。

3. 工件夹持

工件夹持是保证加工精度和安全的重要环节。根据零件的形状、尺寸和加工要求，选择合适的夹具，并将工件固定在夹具上。在夹持工件时，需确保夹具牢固可靠，工件位置正确，以避免在加工过程中发生移位或变形等问题，从而影响加工质量和安全性。

4. 刀具安装

刀具安装是数控加工中的重要步骤，直接影响加工结果的质量和效率。操作人员应根据加工任务和工件要求选择合适的刀具，并将其安装到机床上。在安装刀具时，需注意刀具的类型、规格和安装方式，确保刀具与工件之间的匹配和稳定性。安装完成后，还需进行必要的调整和固定，确保刀具的位置正确、刀具刃口与工件表面垂直，并进行必要的刀具长度补偿等设置，以确保加工过程的顺利进行和加工质量的提高。

（二）数控机床操作技巧

1. 操作规范

操作规范是确保数控机床安全运行和加工质量的关键。操作人员应严格按照操作规程和安全操作规范进行操作，具体包括：

（1）遵循操作流程：操作人员应熟悉并遵循数控机床的操作流程，按照正确的步骤进行操作，避免因操作失误造成事故或设备损坏。

（2）注意安全防护：操作人员应穿戴好安全防护装备，如安全帽、护目镜、手套等，确保自身安全。同时，要注意机床周围的安全警示标识，避免发生意外事故。

（3）严禁超负荷操作：避免超负荷操作数控机床，如超速加工、过载切削等，以免损坏设备或引发安全事故。

严格遵守操作规范可以最大程度地保障操作人员的安全，同时保证加工质量和设备的稳定性。

2. 及时调整

在加工过程中，及时调整加工参数和程序指令是保证加工质量和效率的重要手段。具体包括：

（1）监控加工状态：持续监控加工过程中的各项指标，包括切削力、温度、加工速度等，及时发现异常情况。

（2）根据实际情况调整参数：根据加工状态和加工质量，灵活调整加工参数，如切削速度、进给速度、切削深度等，以优化加工过程。

（3）优化程序指令：根据加工情况调整程序指令，如修正刀具路径、调整切削顺序等，以提高加工效率和加工质量。

及时调整加工参数和程序指令可以有效地应对加工过程中的变化，保证加工质量和效率的稳定性。

3. 定期维护

定期维护是保证数控机床长期稳定运行的重要保障措施。具体包括：

（1）定期清洁：定期清洁机床表面、导轨、刀库等部位，清除积聚的切屑和油污，保持机床清洁。

（2）润滑维护：定期对机床各轴向进行润滑，确保零部件的灵活运动和寿命。

（3）检查和调整：定期检查机床各部位的紧固件、传动件和电气元件，及时发现并修复故障和问题。

定期维护可以延长数控机床的使用寿命，提高设备的可靠性和稳定性，减少因故障引起的生产停机时间。

第三节　基于数控技术的零件加工实践

一、数控加工实验设计与执行

（一）实验设计

1. 确定实验目的

实验目的是指明实验的目标和意义，对实验设计起到指导作用。根据研究的具体需求，实验目的可以是验证特定加工方法的可行性、比较不同加工参数的效果，或是探索新的加工工艺。在确定实验目的时，需要考虑实验的可操作性、实用性和科学性，确保实验能够产生有意义的结果。

2. 选择实验对象

实验对象的选择直接影响着实验结果的有效性和可靠性。在数控加工实验中，应根据实验目的选择适合的零件作为实验对象，考虑其形状复杂度、加工难度以及对加工参数变化的敏感度。同时，还需要考虑实验对象的可获得性和实验成本，确保实验能够顺利进行并产生可靠的结果。

3. 制定实验方案

实验方案是指对实验过程进行详细规划和安排的方案。在制定实验方案时，需要考虑以下几个方面：

（1）选择数控机床和刀具：根据实验对象和实验目的选择合适的数控机床和刀具，确保能够满足实验需求。

（2）确定加工工艺流程和参数：设计加工工艺流程，包括切削顺序、切削路径等，确定加工参数，如切削速度、进给速度、切削深度等，以保证实验的准确性和可比性。

（3）制定安全措施：制定实验过程中的安全措施，包括操作规范、个人防护措施等，确保实验过程安全可靠。

4. 准备实验材料和设备

在进行实验前，需要准备实验所需的材料和设备，包括原材料、数控机床、刀具、测量仪器等。在准备实验材料和设备时，需要注意选择优质的材料和设备，确保实验的可靠性和有效性。

（二）实验执行

1. 机床设置与校准

在实验执行前，需要对数控机床进行设置和校准，以确保加工过程的准确性和稳定性。具体包括：

（1）安装刀具和夹具：根据实验方案选择合适的刀具和夹具，并正确安装到数控机床上，确保刀具和工件的稳定性和精度。

（2）调整加工参数：根据实验方案确定的加工参数，如切削速度、进给速度、切削深度等，进行正确的设置和调整。

（3）机床校准：对数控机床进行准确的校准，包括轴向校准、刀具长度补偿校准等，以确保机床的精度和稳定性。

机床设置与校准是实验执行的关键步骤之一，直接影响加工过程的准确性和结果的可靠性。

2. 加工过程监控

在实验过程中，需要密切监控加工状态和加工质量，及时发现并解决问题，确保加工过程的稳定性和加工质量。具体包括：

（1）实时监控加工状态：持续监控加工过程中的各项参数，包括切削力、温度、加工速度等，及时发现异常情况并采取相应措施。

（2）及时调整加工参数：根据加工状态和加工质量，灵活调整加工参数，如切削速度、进给速度、切削深度等，以优化加工效果。

（3）实验过程记录：实时记录加工过程中的数据，如加工时间、切削力、加工精度等，以便后续数据分析和结论总结。

加工过程监控是实验执行的重要环节，可以及时发现并解决加工过程中的问题，保证实验结果的准确性和可靠性。

3. 数据记录与采集

实验过程中的数据记录与采集是对实验数据进行系统整理和归纳的过程，为后续数据分析和结论总结提供重要支持。具体包括：

（1）实时记录数据：在实验过程中，及时记录实验数据，包括加工时间、切削力、加工精度等，确保数据的准确性和完整性。

（2）数据采集：使用合适的测量仪器和数据采集设备对实验数据进行采集和存储，以便后续数据分析和处理。

数据记录与采集是实验执行过程中的重要环节，直接影响实验结果的可靠性和科学性。

4.安全措施

实验过程中的安全措施是保障实验人员和设备安全的重要保障。具体包括：

（1）严格遵守安全规程：操作人员应严格遵守实验室的安全规程和操作规范，确保实验过程的安全性。

（2）正确使用个人防护装备：操作人员应正确使用个人防护装备，如安全帽、护目镜、手套等，保护自身安全。

（3）避免操作失误：操作人员应注意避免操作失误，如误触机床开关、操作不当等，以免引发事故。

安全措施的落实是实验执行过程中的重要环节，直接关系到实验人员和设备的安全和健康。

二、实验数据分析与结论总结

（一）实验数据分析

1.加工参数对加工质量的影响分析

切削速度、进给速度和刀具径向切深是影响加工质量的关键参数。在实验数据分析中，我们将研究这些参数对加工质量的影响，并找出最佳的参数组合以实现表面粗糙度和尺寸精度的优化。

（1）切削速度影响分析

切削速度直接影响到切削过程中热量的生成和分布，进而影响材料的切削变形和表面质量。高切削速度可能导致过热，引起表面质量下降和刀具磨损加剧，而低切削速度则可能导致切削力增加和加工效率下降。通过实验数据分析，我们可以确定适合具体工件材料和刀具材料的最佳切削速度范围。

（2）进给速度影响分析

进给速度直接影响切削过程中每个刀具齿的切削深度和切削力。高进给速度可能导致刀具负载过重，影响加工表面质量，而低进给速度则可能导致加工效率低下。实验数据分析将帮助我们确定适当的进给速度，以平衡加工效率和加工质量。

（3）刀具径向切深影响分析

刀具径向切深直接决定了每次切削的材料去除量和刀具与工件的接触面积。较大的刀具径向切深可能导致加工表面粗糙度增加和刀具寿命缩短，而较小的刀具径向切深可能导致加工时间增加。通过实验数据分析，我们可以确定最佳的刀具径向切深，以实现加工质量和效率的平衡。

2. 加工工艺优化

实验数据分析为优化加工工艺提供了有力支持，从而提高加工效率和加工质量，降低加工成本。在加工工艺优化中，我们将结合实验数据进行以下几方面的优化：

（1）参数优化

基于实验数据分析的结果，调整切削速度、进给速度和刀具径向切深等加工参数，找到最佳的参数组合，以实现加工质量和效率的最佳平衡。

（2）工艺流程优化

根据实验数据分析的结果，优化加工工艺流程，包括刀具选择、加工顺序和切削方式等，以减少加工时间和提高加工质量。

（3）设备优化

结合实验数据分析，优化加工设备的配置和调整，以提高加工精度和稳定性，降低故障率和维护成本。

通过综合考虑以上因素并结合实验数据，我们可以有效地优化加工工艺，提高加工效率和加工质量，从而降低加工成本并提升竞争力。

3. 零件形貌分析

实验加工后，对零件形貌特征进行分析是评估加工质量的重要步骤。主要包括以下方面：

（1）表面轮廓分析：分析零件表面的轮廓特征，包括平坦度、圆度和直线度等，以评估加工精度和表面质量。

（2）孔径精度分析：对零件孔径的精度进行分析，包括孔径尺寸的偏差和圆度，以评估加工工艺的精度和稳定性。

（3）表面质量评估：通过表面粗糙度测试和显微镜观察等方法，对加工后零件表面质量进行评估，找出可能存在的表面缺陷和改进方案。

通过对实验加工后零件形貌特征的全面分析，我们可以全面评估加工质量的优劣，并提出针对性的改进措施，进一步优化加工工艺，提高零件的质量和性能。

（二）结论总结

1. 实验目的达成程度

本次实验旨在通过机械系统动力学分析，探究机械系统的振动特性和动态响应，以验证实验假设或解决研究问题。通过实验数据采集和分析，实验目的达成程度较高。实验结果清晰地展示了机械系统在不同载荷条件下的振动情况和动态响应，验证了实验假设并得出了相关结论。

2. 结论归纳

通过实验数据分析，可以得出以下结论：

（1）机械系统的振动特性受到载荷条件的影响较大，载荷增加会导致系统振幅增大，频率发生变化。

（2）实验中采用的激光位移传感器具有高精度和高灵敏度，能够准确地测量机械系统的位移和振动。

（3）不同结构和材料的零部件对系统振动特性有显著影响，需针对不同的工作条件进行优化设计。

3. 存在问题与改进建议

在实验过程中，也存在一些问题和不足之处：

（1）实验中可能存在测量误差，例如传感器校准不准确或环境因素影响等，影响了实验结果的准确性。

（2）部分实验数据可能受到外部干扰或噪声影响，需要更加严格的数据处理和分析方法。

为了提高实验的准确性和可靠性，可以采取以下改进措施：

（1）加强对实验设备的维护和校准，确保传感器的准确性和稳定性。

（2）在实验过程中控制环境条件，减少外部干扰和噪声对实验结果的影响。

4. 进一步的研究方向

基于当前实验结果，可以提出以下的进一步的研究方向：

（1）深入研究不同载荷条件下机械系统的振动特性，探索振动抑制和控制的方法。

（2）进一步优化激光位移传感器的应用，探索更高精度和更广泛应用领域。

（3）结合数学建模和仿真方法，对机械系统的动力学特性进行模拟分析，为实际应用提供理论支持。

第七章 机械设计的创新思维培养

第一节 创新思维和创意产生的能力

一、创新思维的概念与重要性

（一）促进社会进步

创新思维是一种跳出传统思维模式的思考方式，它推动着社会各个领域的发展，包括科技、经济和文化。通过创新思维，人们能够不断地探索新的思路和方法，为社会带来更多的可能性和机遇。例如在科技领域，创新思维推动了科学技术的快速发展，为人类社会带来了诸如人工智能、生物技术等颠覆性的变革。在经济和文化领域，创新思维也促进了企业的发展和文化的多样化，为社会进步注入了新的活力和动力。

（二）增强竞争力

在竞争激烈的市场环境中，创新思维是企业获取竞争优势的重要手段之一。通过创新思维，个人和组织能够发现新的商业模式、产品和服务，提升自身的竞争力。例如一些企业通过不断创新推出具有差异化特点的产品，从而吸引更多消费者，提高市场份额。另外，创新思维还能够帮助企业发现新的商机和增长点，开拓新的市场空间，保持在市场竞争中的领先地位。

（三）解决问题

创新思维使人们能够以不同的视角和方式来看待问题，从而找到更加有效的解决方案。在面临各种挑战和困难时，创新思维能够激发人们的创造力和想象力，帮助他们找到独特的解决方案。例如在环境保护领域，创新思维推动了新型环保技术的发展，解决了大气污染、水质污染等问题，为保护环境做出了重要贡献。此外，创新思维还能够帮助个人和组织应对各种挑战和变化，提高应变能力和抗压能力。

（四）适应变化

面对不断变化的环境和需求，创新思维使个人和组织能够更加灵活地适应和应对变化，保持竞争优势。通过创新思维，个人和组织能够及时发现并利用新的机遇，应对市场的变化和竞争的挑战。例如在数字化时代，创新思维推动了传统企业的转型升级，使其更好地适应了数字经济的发展趋势。另外，创新思维还能够帮助个人和组织在变化中保持敏锐的洞察力和创造力，保持竞争优势和持续发展的能力。

二、创意产生的方法与技巧

（一）头脑风暴法

头脑风暴法是一种富有活力和创造性的思维方法，旨在激发团队成员的创意和想象力，以寻找新颖的解决方案。这种方法常常被用于解决复杂的问题或面临挑战的项目，特别适用于团队合作环境中。

在头脑风暴会议中，参与者通常会聚集在一起，集中讨论特定的主题或问题。在这个过程中，每个人都被鼓励提出各种各样的想法，而无须担心这些想法的可行性或是否完美。这种开放式的氛围为创意的自由流动创造了良好的条件，从而激发了创造力和想象力。举个例子，想象一个团队正在开发一款新型智能手表，他们需要设计一种创新的功能来吸引消费者。在头脑风暴会议中，团队成员可以提出各种各样的想法，比如手表能够检测用户的健康状况、提供定制化的健身计划、与其他智能设备实现无缝连接，等等。这些想法可能会很大胆，有些甚至可能听起来不太可能实现，但正是通过这种大胆的想象和创新的思维，团队才能够找到真正独特和吸引人的功能。

在头脑风暴过程中，团队成员可以相互启发，共享彼此的想法，并从中汲取灵感。这种多样性和开放性的讨论有助于促进创意的产生，从而为问题的解决提供了多种可能性。虽然头脑风暴法可能会产生一些不切实际或不可行的想法，但它也为团队提供了一个开放的平台，让他们不断尝试、学习和进步。

（二）关联法

关联法是一种富有创造性的思维方法，通过将不同领域、不同概念之间的联系进行联想和连接，以产生新的创意和解决方案。这种方法的核心理念在于跨越界限，将看似不相关的事物联系起来，从而开启全新的思维模式和视角。

一个经典的关联法的例子是"创意盒子"，这是一个常用于创意训练的工具。在这个游戏中，参与者被要求将一个随机选择的物体与一个特定的问题或挑战联

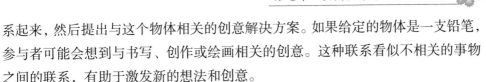

系起来，然后提出与这个物体相关的创意解决方案。如果给定的物体是一支铅笔，参与者可能会想到与书写、创作或绘画相关的创意。这种联系看似不相关的事物之间的联系，有助于激发新的想法和创意。

另一个例子是将生物学的概念应用到技术领域中，这是关联法的一个常见应用。例如生物学中的仿生学思想就是将生物系统中的结构、功能或行为应用到工程和技术领域中，以解决实际问题或推动创新发展。通过观察和学习自然界中的生物系统，人们可以从中汲取灵感，创造出具有高效性、智能性和可持续性的新技术和产品。另一个有趣的例子是将艺术和科学领域进行关联。例如许多科学家和工程师受到艺术作品的启发，创造出具有美学和功能性的设计。反过来，艺术家也可以借鉴科学和技术的原理，创作出具有科技感的作品。这种跨界的关联有助于推动创新和跨学科交流。

（三）逆向思维

逆向思维作为一种富有创造性的思维方法，在解决问题和产生创意时发挥着重要作用。其核心概念在于打破传统思维模式，从相反的角度思考问题，以寻找与常规相悖的解决方案。逆向思维不仅能够帮助人们发现以往忽视或未曾想到的创新点子，还能够激发新的思维路径和解决方案。以下将从理论和实践两个方面展开对逆向思维的深度分析。

第一，理论上来看，逆向思维与传统思维模式存在明显差异。传统思维模式往往是按照惯性思维或常识进行推断和解决问题，而逆向思维则是从相反的角度出发，尝试寻找与常规思维相悖的解决方案。逆向思维的核心思想是"反其道而行之"，即通过与传统思维方向相反的思考方式，打破常规思维的束缚，创造出新颖独特的解决方案。这种思维方式能够帮助人们摆脱传统的思维定式，开拓思维的边界，从而产生更具创意和创新性的想法。

第二，实践中的逆向思维常常体现在解决实际问题和推动创新过程中。一个典型的例子是产品设计领域中的逆向思维应用。在产品设计过程中，设计师经常面临如何解决特定问题或满足用户需求的挑战。传统的思维方式可能会局限于已有的解决方案和常规设计模式，导致创意的局限性和创新的乏力。而通过逆向思维，设计师可以反其道而行之，寻找与传统思维相悖的设计方案。例如一个需要电池供电的产品，传统思维可能会局限于寻找更高效的电池或延长电池寿命的方法，而逆向思维则可能会考虑如何摆脱对电池的依赖，寻找其他替代能源，如太阳能、动能或热能等。这种逆向思维的应用能够带来意想不到的创新点子，推动产品设计领域的发展和进步。

另一个实践中的例子是在解决复杂问题或挑战性任务时的逆向思维应用。面对复杂的问题，传统思维往往会陷入局限性和困境，难以找到有效的解决方案。而逆向思维则可以帮助人们打破思维的僵局，寻找全新的解决途径。例如在科学研究中，逆向思维常常被用来解决复杂的科学难题。科学家们通过反向思考问题，从相反的角度出发，探索不同的研究路径和解决方案。这种逆向思维的应用能够带来新的科学发现和突破性的进展，推动科学领域的发展和进步。

（四）模型建立

模型建立作为一种创意产生的方法，通过建立模型或原型来展示问题和解决方案，以激发创意和促进创新。这种方法能够以实物或虚拟的形式呈现问题，帮助人们更直观地理解，并从中找到创新的解决途径。下面将从理论和实践两个方面深入探讨模型建立的意义和应用。

第一，从理论上看，模型建立为创意产生提供了理论依据和方法论支持。模型是对现实世界的简化和抽象，是对现实问题的形式化描述和表达。通过建立模型，人们可以将复杂的现实问题简化为可操作的模型，从而更好地理解问题的本质和结构。模型建立的过程本身就是对问题进行深入分析和思考的过程，能够帮助人们更系统地思考和解决问题，从而促进创意的产生和创新的发展。

第二，实践中的模型建立常常体现在解决实际问题和推动创新过程中。一个典型的例子是产品设计领域中的模型建立应用。在产品设计过程中，设计师经常需要通过建立产品原型来验证设计方案的可行性和有效性。利用 3D 打印技术制作产品原型，能够帮助设计师们更直观地了解产品的结构和功能，并在实际操作中发现潜在的问题和改进的空间。通过不断优化原型，设计师们可以提出更加创新和符合用户需求的设计方案，推动产品设计领域的发展和进步。例如在解决复杂问题或挑战性任务时的模型建立应用。面对复杂的问题，传统的解决方法可能会显得力不从心，难以找到有效的解决方案。而通过建立模型，人们可以将问题分解为多个子问题，并通过模型化的方式逐步解决。例如在工程领域中，通过建立物理模型或数学模型，工程师们可以模拟和分析复杂的工程问题，预测系统的性能和行为。这种模型建立的应用能够帮助工程师们更好地理解问题的本质和特性，从而提出创新的解决方案，推动工程技术的发展和进步。

（五）多元思考

多元思考作为一种创意产生的方法，强调了不同背景和经验的人员参与创意生成过程中的重要性。通过多个角度思考问题，多元思考可以促进创意的多样性和创新性，从而为解决问题提供更多元化的视角和解决方案。下面将深入探讨多元思考的意义和应用，并结合实例加以分析。

第一，多元思考能够促进思维碰撞和交流，激发出更富创意和突破性的想法。在一个团队或群体中，每个成员都有其独特的思维方式、知识背景和经验积累。通过集思广益，将不同的观点和见解结合起来，可以产生更加丰富和创新的想法。例如在一个跨学科的研究团队中，来自不同学科背景的成员们可以从各自的专业领域出发，提出不同的观点和解决方案，从而为研究问题提供更多元化的思考路径。

第二，多元思考有助于发现问题的潜在挑战和解决难点。在面对复杂的问题或挑战时，传统的思维方式可能会受到局限，难以找到有效的解决方案。而通过多元思考，可以从不同的角度审视问题，发现问题的本质和根源，从而更好地应对挑战。例如一个市场营销策划的问题，传统的思维可能局限于产品和渠道的营销方式，而通过多元思考，可以考虑到消费者心理、文化背景等因素，从而设计出更加符合市场需求的营销策略。

第三，多元思考还能够提高团队的创造力和创新能力。在一个多元思考的团队中，成员们不断地交流和碰撞思维，相互启发，从而激发出更多的创意和创新点子。团队成员之间的合作和协作，能够促进知识的共享和交流，提高团队整体的创造力水平。例如一个跨文化的设计团队可能会在设计过程中融合不同文化的元素，创造出更加具有创新性和国际化的产品设计。

（六）思维导图

思维导图是一种强大的工具，用于帮助人们理清思路、组织想法，并激发创意。通过图形化地展现问题及其相关概念之间的关系，思维导图可以促进系统性思考和创新性思维。以下将深入探讨思维导图的应用及其在不同领域的实例分析。

第一，思维导图可以帮助人们理清思路，将复杂的问题拆解成多个简单的子问题，并将它们之间的关系以图形化的方式展现出来。这种视觉化的呈现方式有助于人们更直观地理解问题的结构和内在逻辑，从而更加清晰地思考问题的各个方面。例如在项目管理中，团队可以利用思维导图将项目的目标、任务和里程碑等信息整理成一张图，帮助团队成员理解项目的整体框架和每个阶段的任务，从而更好地协作和执行任务。

第二，思维导图能够激发创意，促进创新性思维。通过将不同的想法和概念以图形化的方式组织起来，思维导图可以帮助人们发现不同概念之间的关联和联系，从而产生新的想法和解决方案。例如在新产品开发过程中，团队可以利用思维导图将市场调研、竞争分析、产品设计等环节整理成一张图，帮助团队成员之间共享想法和观点，从而激发出更多的创新点子。

第三，思维导图还可以用于知识管理和学习。通过将知识点以图形化的方式组织起来，思维导图可以帮助人们更好地理解知识的结构和内在逻辑，从而更高效地学习和记忆。例如在学习一门复杂的学科时，学生可以利用思维导图将课程内容整理成一张图，帮助他们理清知识体系和思维逻辑，从而更好地掌握知识。

（七）自我激励

自我激励是一种重要的心理学概念，它涉及到个体对自己能力和表现的正面评价和激励，以促进自我成长和发展。这种方法常常被用来应对挑战和困难，以及提升创造力和执行力。下面将深入探讨自我激励的原理、方法及实际应用。

第一，自我激励的原理在于个体对自身能力的正面认知和评价。这意味着个体应该学会欣赏自己的优点和成就，而不是过分强调自己的缺点和失败。通过对自己的积极评价和肯定，个体可以建立起自信心和积极态度，从而更好地应对挑战和困难。

第二，自我激励的方法包括积极的心理暗示和自我激励技巧。这包括给自己树立目标和挑战，制订可行的计划和行动步骤，以及不断给自己正面的鼓励和奖励。例如一个人可以通过设定具体的目标和时间表，然后将其分解成可行的小目标，逐步实现并给予自己奖励，以增强自己的动力和执行力。

第三，自我激励也涉及到对自己内在激励因素的认知和利用。这包括个体对自己的兴趣、价值观和目标的清晰认识，以及通过这些因素来激发自己的动力和热情。例如一个人可以通过思考自己的兴趣爱好和价值观，找到内在的动力源泉，并将其转化为积极的行动力量。

第四，自我激励的实际应用包括在个人生活、职业发展和学习过程中的广泛运用。在个人生活中，自我激励可以帮助个体保持积极的心态和情绪，应对各种挑战和困难。在职业发展中，自我激励可以帮助个体树立远大的职业目标，并通过努力工作和学习来实现这些目标。在学习过程中，自我激励可以帮助学生保持学习的热情和动力，提高学习效率和成绩。

第二节　机械设计创新案例分析

一、典型机械设计创新案例介绍与分析

计算机辅助概念设计是提高机械设计质量与效率的重要技术支撑，是提高机

械设计竞争力的核心，主要是指在机械设计过程中，利用计算机等辅助概念对不同机械设计方案进行大量的计算、分析和对比，求出最优解决方案。基于计算机辅助概念设计的基本概念与应用特点，系统论述了计算机辅助概念中 TRIZ 创新设计应用实例，最后总结了计算机辅助概念设计模型。

（一）计算机辅助概念设计的内涵及特点

1.设计原理构思

在概念设计中的作用于机械产品的设计原理构思对于机械设计过程十分重要，不同的工作设计构思与概念直接影响后续设计过程。在机械设计过程中，首先要对机械产品的初始化设计方案进行优化与选择，给出方案分析的具体尺寸与详细设计方案，然后再对其工作原理、运动和动力进行分析，得到机械产品的相关性能指标，最后通过对设计方案进行综合评价与排序，寻找最优设计方案。

2.概念设计的内涵

目前，关于计算机辅助概念所涉及相关定义较多，研究人员指出，概念设计主要是明确机械产品设计的具体要求和条件，需要设计人员具有充分的工程科学、专业知识、产品工艺加工和市场运行等各方面的知识，最后做出机械产品全生命周期最优的机械设计方案与决策。因此，概念设计主要是指根据机械产品生命周期各个阶段的要求，进行机械产品功能创造、功能分解和子功能结构设计，进行满足机械产品功能和结构要求的工作原理方案设计与系统优化。

3.概念设计的特点

（1）创新性

创新是机械设计的核心，只有进行创新才能得到结构新颖、性能优良和具有核心竞争力的机械产品，其创新可以是多层次的，如结构修改、结构替换的低层次创新工作到工作原理更换、功能修复和增加高层次的创新活动都属于机械产品概念设计的主要范围。

（2）多样性

辅助概念设计的多样性主要体现在机械产品设计路径和设计结果的多样化。在进行概念设计中，不同的功能定义、功能分解和工作原理等会产生不同的设计思路和设计方法，进而在机械产品的功能载体设计上产生完全不同的解决方案。

4.TRIZ 理论

TRIZ 理论的核心是机械产品进化理论，主要是对现有机械产品进行分析，发现冲突并解决冲突。TRIZ 设计过程是不断循环，形成产品的简化。冲突对于解决机械产品设计问题十分重要,对于不同设计中的具体冲突有所不同,为了对设计问题进行统一描述,相关研究人员通过对250万项专利的分析研究,TRIZ理论提出39个通用工程参数,并按照其特点可以分为三类:物理及几何参数;技术正向参数;技术参数。

(二)基于用户需求的机械概念设计基本工作过程

基于用户需求对机械产品辅助概念设计方法及工作过程进行分析,采用质量功能展开(QFD)辅助机械产品设计与工作决策流程。

1.基于用户需求的概念

设计方法基于用户需求的概念设计主要是从用户实际需求为出发点,进而机械设计人员确定产品的功能需求,分解产品的结构,依据功能设计模型进行合理、有效的综合分析,得到产品的概念设计方案,最后对概念模型进行综合评价,明确最佳概念设计方案,基本工作流程如图7-1所示。

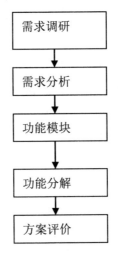

图7-1 基于用户需求的概念设计过程示意图

2.QFD工作过程与步骤

(1)用户需求调研与市场分析

QFD(Quality Function Deployment)工作的第一步是对用户需求进行调研与市场分析。这包括采用合适的调研方法,如问卷调查、访谈等,全面获取用户对产品的需求。通过市场分析,可以了解市场上类似产品的情况,掌握竞争对手的优势和劣势,为产品设计提供参考和指导。

(2)用户需求权重分析

在综合用户需求信息后,需要对用户需求进行权重分析。不同的需求在产品设计过程中具有不同的重要性，因此需要对用户需求进行权重分析，以便更加精准地定位用户需求，并将其纳入到产品设计的考量范围之中。

（3）市场竞争力分析

市场竞争力分析是QFD工作的重要环节之一。通过对现有同类产品进行对比和分析，了解其在市场上的竞争力，可以为新型机械产品的开发提供更加明确的设计目标。这包括对竞争对手产品的性能、质量、价格等方面进行综合评估，以确定产品的市场定位和竞争策略。

（4）产品设计特性分析

在明确了用户需求和市场竞争力后，需要对产品设计特性进行分析。这包括将机械产品的设计属性与用户需求之间形成关系矩阵，以确定产品设计的重点和方向。通过这一步骤，可以确保产品设计与用户需求相匹配，并满足市场的竞争需求。

（5）构建质量屋

经过以上步骤后，可以开始构建质量屋。质量屋是QFD方法的核心工具，将前面的分析结果作为模型输入，通过适当的工具和技术，如战略分析、功能分析等，开始产品的开发。在质量屋中，各项用户需求将转化为产品设计的具体要求和技术指标，为产品设计和开发提供指导和支持。（见图7-2）

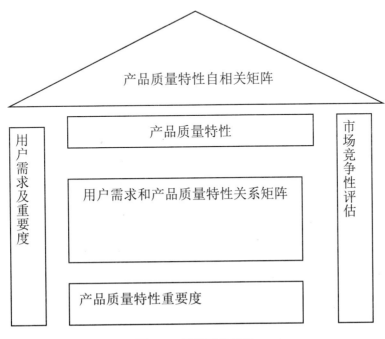

图7-2　质量屋关系图

（三）TRIZ 创新设计实例

1. 悬挂式铧式犁

悬挂式铧式犁是农业生产中的基本农机具，也是目前我国使用最为广泛和普遍的一种农机具，具有作业灵活、应用范围广泛等特点，但是悬挂式铧式犁在田间工作过程中，犁在完成一个工作行程出土后，犁臂上会粘上一些泥土，清理不及时会增加工作阻力，影响犁的工作效率。应用 TIRZ 理论解决冲突，需要改变的工程技术，参数主要包括形状、运动物体的能量、可制造性和可操作性，将工程参数放入 TRIZ 冲突解决矩阵中可以得到以下四条设计原理。

（1）曲面化原理

曲面化原理是指改变犁臂和铧犁所构成的犁体曲面形状，使其能够更好地让泥土自动滑落。通过调整犁体的曲面结构，使其具有更好的自清能力，减少泥土残留，从而提高犁的作业效率和耕地质量。

（2）振动原理

振动原理是指在犁出土后，通过使犁自身处于振动状态，能够振落黏附在犁体上的泥土。通过引入振动装置，可以使犁体在作业过程中产生微小振动，有效地减少泥土的残留，提高清洁效果。

（3）自动除尘原理

自动除尘原理利用犁出土后的上升运动提供气流，通过气流作用将黏附在犁体上的泥土吹落。通过设计合适的气流结构和排风装置，可以实现泥土的自动除尘，减少清理工作的需求。

（4）复合材料原理

复合材料原理是指将犁体材料由单一的钢铁改为不与泥土黏附的复合材料，从而实现泥土的自动脱落。通过选用特殊的复合材料，可以减少泥土对犁体的黏附，提高自清能力和耐磨性。

2. 水稻育秧架的优化

传统的大棚育秧方法在水稻生产中存在一系列问题，如利用率低、资源分配不合理、劳动强度大等。为了解决这些问题，本文采用 TRIZ 理论设计了一款回转式立体育秧架，旨在提高育秧效率、优化资源利用、降低劳动强度，为水稻育秧提供更好的生长条件。

（1）技术矛盾的解决

在传统育秧方法中，存在着提高生产率与系统复杂性之间的技术矛盾。为了

解决这一矛盾，回转式立体育秧架利用大棚的设施和资源，通过技术手段提高生产率，同时优化系统结构，降低系统的复杂性。这种方法旨在在保证秧苗素质的前提下，最大程度地提高大棚土地利用率和秧苗生产率。

（2）物理矛盾的解决

在设计育秧大棚时，面临着体积增大与减小的物理矛盾。为了解决这一问题，可以采取一系列措施，如优化结构设计、合理布局空间、利用可调节的结构部件等，以最大程度地利用大棚空间，提高土地利用效率，同时保证育秧环境的稳定性和秧苗的生长质量。

（3）方法的应用

在应用 TRIZ 理论设计回转式立体育秧架的过程中，采用了多种方法解决技术矛盾和物理矛盾。其中，时间分离原理、标准解法、因果链分析、物—场分析、九屏图分析、资源分析、最终理想解等方法被广泛应用。这些方法在设计过程中起到了指导和优化的作用，帮助实现了回转式立体育秧架的设计目标。

通过上述分析，可以利用水稻育秧大棚系统的空间资源（棚内地面上的空间）和功能资源（人工补光）、棚架子系统的功能资源（放置秧盘的变形桁架）得出方案，充分利用棚内的立体空间，设计一种可进行人工采补光、方便拆卸的回转式育秧架（图 7-3），此种育秧架占大棚一定的体积，充分利用棚内空间，解决了层叠秧架造成的光照不充分的问题，采补光方便，提高生产率的同时也保证了秧苗的质量。

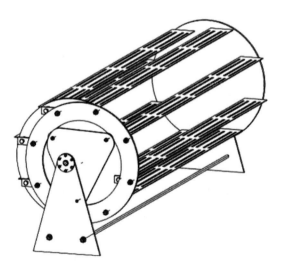

图 7-3　新型回转式水稻育秧架

二、创新案例的成功因素与启示

当前，计算机辅助概念设计作为机械设计的重要环节与技术支撑，正在向智能化、数字化和集成化方向发展，其研究内容越来越深，涉及范围越来越广泛，但是目前计算机辅助概念设计仅仅停留在实现方法和技术层面，未来应该进一步深入研究概念设计与内在变化规律，尤其是思维认知规律，未来计算机辅助概念设计应该从以下几个方面进行改进与优化：

（一）概念设计的行为机理

1. 非逻辑过程机理的研究

在概念设计的领域中，创新的产生往往源自于设计人员的非逻辑思维和灵感启发。与传统的逻辑思维相比，非逻辑思维更加开放、灵活，能够在面对复杂、模糊或缺乏明确规律的问题时发挥重要作用。非逻辑过程机理的研究，正是为了更好地理解这种思维模式，并探索其中的内在规律与机制。

在概念设计过程中，设计师往往会从非线性、模糊、直觉等角度出发进行创新。非逻辑思维不受传统思维模式的约束，可以跳脱常规的思维框架，以更为灵活的方式处理问题。例如在设计一个新型产品时，设计师可能会从自然界的形态、动物的特征或艺术作品中汲取灵感，这些看似毫无关联的元素往往能够激发出意想不到的创意。

非逻辑过程机理的研究不仅有助于理解设计师在概念设计过程中的行为表现，更可以揭示背后的思维模式和规律。通过深入观察和分析设计师的工作方式、思维路径和决策过程，可以发现其中蕴含的非线性、模糊和直觉等因素，并探索这些因素是如何影响到创新的产生和发展的。例如著名的苹果公司设计师乔纳森·艾夫（Jony Ive）在设计苹果产品时常常通过观察自然界中的曲线、形态和材质来获取灵感。他认为，自然界中的设计是最优美和最有效的，因此常常将自然界的元素融入到产品设计中，创造出简洁、优雅而又功能强大的产品。这种非逻辑的设计方式不仅使苹果产品在外观上独具特色，更使其在用户体验和功能性上达到了前所未有的高度。

在概念设计领域，非逻辑过程机理的研究不仅有助于理解设计师的工作方式，更可以为设计过程的优化和创新提供重要的理论支持。通过深入挖掘非逻辑思维的内在机制和规律，可以为设计人员提供更多的创新方法和思维路径，促进概念设计领域的不断发展和进步。

2. 非逻辑与逻辑统一

在概念设计中，非逻辑思维与逻辑思维之间存在着密切的关系，它们相辅相成，相互交织，对于优化设计过程起着至关重要的作用。理解非逻辑与逻辑的统一规律可以帮助设计人员更好地开展创新设计工作，并提高设计效率和质量。

第一，非逻辑思维在概念设计中具有重要意义。非逻辑思维强调的是直觉、想象和创造力，它突破了传统的逻辑限制，能够激发设计人员的创意和灵感。在设计过程中，设计人员可能会面临各种各样的问题和挑战，而非逻辑思维可以帮助他们跳出固有的思维模式，寻找新的解决方案。例如在产品设计中，设计师可能需要设计一个具有创新性和独特性的外观，此时非逻辑思维可以帮助他们通过想象和直觉找到最佳的设计方案。

第二，逻辑思维在概念设计中同样至关重要。逻辑思维注重的是分析、推理和条理性，它能够帮助设计人员对设计问题进行系统性和全面性的思考。在设计过程中，设计人员需要考虑到各种因素和要求，而逻辑思维可以帮助他们理清问题的逻辑关系，确保设计方案的合理性和可行性。例如在工程设计中，设计师需要根据客户的要求和技术要求，制定出符合实际情况的设计方案，此时逻辑思维可以帮助他们分析问题，找出最佳的解决方案。

第三，非逻辑思维与逻辑思维之间也存在着相互促进和交织的关系。在设计过程中，设计人员往往需要在非逻辑思维和逻辑思维之间不断切换和平衡，以达到最佳的设计效果。例如在产品设计中，设计师可能首先通过非逻辑思维提出各种创意和设计方案，然后再通过逻辑思维对这些方案进行评估和筛选，找出最合适的设计方案。

3. 创新表现过程机理

创新表现的过程机理涉及心理、行为和社会三个层面，其深层次的理解对于挖掘概念设计过程中的潜在创新能力至关重要。通过对这些机理的研究，可以揭示设计人员在创新过程中的思维方式、行为特征以及外部环境对创新的影响，为设计人员提供更有效的创新指导和支持。

第一，心理机制是创新表现的重要驱动力之一。在心理层面，创新涉及到个体的认知、情感和动机等因素。例如创新思维往往具有突破性、开放性和灵活性，能够突破传统思维模式，提出新颖的观点和解决方案。此外，创新行为受到个体情感态度和动机水平的影响。积极的情感态度和高度的内在动机能够促进个体更积极地参与到创新过程中，并持续不断地探索、尝试和改进。

第二，行为机制是创新表现的具体体现。在行为层面，创新表现主要体现为个体的实际行动和行为选择。例如在概念设计过程中，设计人员可能会采取不同的创新方法和策略，如头脑风暴、原型制作、用户体验测试等，以激发创意、挖掘需求、验证设计方案。此外，创新行为还涉及到团队协作、资源整合、风险承担等方面。有效的团队协作和资源整合能够促进创意的碰撞和交流，从而推动创新的发生和实现。

第三，社会机制是创新表现的外部环境因素。在社会层面，创新受到文化、制度、市场等多种因素的影响。例如在具有鼓励创新文化和政策支持的社会环境中，个体更容易受到激励和鼓励，敢于冒险、探索和创新。此外，市场需求和竞争压力也是推动创新的重要因素。面对激烈的市场竞争和不断变化的消费者需求，企业和设计人员需要不断创新，以满足市场需求并保持竞争优势。

（二）概念设计创新实现

1. 人机协作的重要性

人机协作在概念设计创新中扮演着至关重要的角色，其重要性体现在多个方面：

第一，人机协作能够充分发挥设计人员和计算机的优势。设计人员具有丰富的创造性思维和专业知识，而计算机具有强大的计算和数据处理能力。通过将二者有效结合，可以将设计人员的创意和想法转化为具体的设计方案，并通过计算机的辅助和支持，进一步完善和优化设计结果。

第二，设计合适的人机交互界面和可视化工具可以激发设计人员的创造性思维。良好的人机交互界面可以使设计人员更直观、高效地表达自己的想法和创意，同时通过可视化工具展示设计结果，可以帮助设计人员更清晰地理解和评估设计方案的优劣，从而激发其创造性思维，提高设计质量和效率。

第三，人机协作可以提高设计效率和质量。通过计算机辅助设计工具，设计人员可以快速、准确地进行设计计算、模拟和分析，从而在较短的时间内生成多样化的设计方案，并通过计算机的辅助和优化，提高设计方案的质量和可行性，加快设计过程，提高效率。

第四，人机协作还可以实现设计过程的自动化和智能化。通过人工智能、机器学习等技术，计算机可以对设计过程进行自动化处理和智能辅助，例如自动生成设计方案、优化设计布局等，从而减少人工干预，提高设计效率和精度，实现设计过程的智能化和自动化。

2. 虚拟手段的应用

虚拟手段的应用在概念设计领域发挥着重要作用，其具体体现在以下几个方面：

第一，可视化技术的应用使概念设计过程直观化和可视化。通过虚拟现实（VR）、增强现实（AR）、计算机辅助设计（CAD）等技术，设计人员可以将设计概念以三维、动态的方式呈现出来，使得设计过程更加生动直观。例如设计人员可以利用虚拟现实技术将设计方案在虚拟环境中展示，从而更直观地感知设计的效果和细节，有助于发现潜在问题和改进设计方案。

第二，仿真模拟技术的应用有助于提高创新效率。通过仿真模拟技术，设计人员可以在虚拟环境中对设计方案进行模拟和测试，评估其性能、可靠性和安全性等方面的表现，从而及早发现和解决问题，减少设计修改的成本和时间。例如在汽车设计中，利用仿真模拟技术可以对车辆的碰撞安全性进行评估，优化车身结构设计，提高车辆的安全性能。

第三，虚拟手段还可以促进设计人员与机器算法的有效结合，实现创新设计的高效实现。通过人工智能、机器学习等技术，设计人员可以利用大数据和算法分析，辅助设计决策和优化设计方案。例如利用机器学习算法分析用户需求和市场趋势，为产品设计提供参考和建议；利用仿生学原理优化产品结构设计，提高产品性能和效率。

第三节 突破性机械产品方案的提出与实践

一、突破性机械产品方案设计流程

（一）现状分析与市场调研

1. 市场情况评估

第一，需要对竞争对手的产品进行全面的分析。这包括产品的性能特点、价格定位、市场占有率等方面。通过对竞争对手产品的比较研究，可以了解当前市场上已有产品的优势和劣势，为设计出具有竞争优势的突破性产品方案提供参考。

第二，需要对市场需求进行调查。这包括消费者对于产品功能、性能、价格等方面的需求和偏好。通过市场调查和用户调研，可以了解消费者的真实需求，发现市场的空白和机遇，为设计出满足市场需求的突破性产品方案奠定基础。

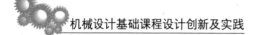

第三，需要对技术发展趋势进行预测。随着科技的不断进步，新技术的出现和应用将对市场格局产生深远影响。因此，需要关注行业内最新的技术动态和趋势，预测未来技术的发展方向，为设计出具有前瞻性和创新性的产品方案提供支持。

2. 技术发展趋势分析

（1）人工智能和机器学习技术

人工智能（AI）和机器学习技术的发展正在深刻地改变着各行各业，包括机械产品设计和制造领域。例如基于机器学习的智能算法可以实现对机械系统的自动优化和智能控制，提高产品的性能和效率。在突破性机械产品方案设计中，结合人工智能和机器学习技术，可以实现更加智能化和个性化的产品设计，提升产品的竞争力。

（2）物联网和智能化技术

物联网（IoT）和智能化技术已经成为未来产品设计的主要趋势之一。通过将传感器、互联网和数据分析技术相结合，可以实现对产品的实时监测、远程控制和智能化管理。在突破性机械产品方案设计中，充分利用物联网和智能化技术，可以为产品增加更多的智能功能和用户体验，提高产品的市场吸引力。

（3）增材制造技术

增材制造技术（Additive Manufacturing Technology）即3D打印技术，已经逐渐成为制造业的新宠。与传统的减材制造技术相比，增材制造技术具有更高的灵活性和自由度，可以实现复杂形状和结构的制造。在突破性机械产品方案设计中，借助增材制造技术，可以实现更加个性化和定制化的产品设计，同时降低制造成本和周期。

（4）可持续性和环保技术

随着社会的可持续发展意识不断增强，可持续性和环保技术在产品设计中的作用越来越重要。在突破性机械产品方案设计中，需要考虑如何利用可再生能源、减少能源消耗、降低碳排放等技术手段，打造更加环保和可持续的产品，以满足市场和消费者的需求。

3. 市场空白和机遇发现

（1）新兴市场需求的变化

随着社会经济的发展和人们生活水平的提高，新兴市场对机械产品的需求也在不断变化。例如一些发展中国家对于环保、节能和智能化的需求逐渐增加。因此，设计团队可以针对这些新兴市场的需求特点，开发具有环保、节能和智能化特点的机械产品，满足当地消费者的需求。

（2）技术创新带来的新应用场景

随着技术的不断创新和进步，新的应用场景也不断涌现，为机械产品的发展带来了新的机遇。例如人工智能、物联网和大数据技术的发展，为智能家居、智能工厂等领域的机械产品提供了新的发展机会。设计团队可以结合这些新技术，开发具有智能化、联网化特点的机械产品，满足用户对智能生活和智能生产的需求。

（3）市场竞争格局的变化

市场竞争格局的变化也会带来新的机遇和挑战。例如某些传统行业的老牌企业可能因为技术更新换代不及时而失去竞争力，为新兴企业提供了进入市场的机会。设计团队可以通过创新设计和技术突破，打破传统行业的壁垒，进入市场并获取市场份额。

（4）特定用户群体的需求

某些特定的用户群体可能存在特殊的需求，为设计团队提供了开发定制化机械产品的机会。例如老年人、残障人士、儿童等群体可能对产品的易用性、安全性和舒适性有特殊需求。设计团队可以针对这些用户群体的需求特点，开发具有特殊功能和设计的机械产品，满足其需求并拓展市场份额。

4. 竞争对手产品分析

（1）产品特点分析

设计团队首先需要对竞争对手的产品进行全面的特点分析。这包括产品的功能特点、性能指标、外观设计、材料选用、制造工艺等方面。通过对产品的特点进行分析，可以了解竞争对手产品的整体定位和特色。

（2）优势与劣势比较

设计团队需要比较竞争对手产品的优势和劣势。这可以从多个角度进行比较，例如产品的性能优势、价格竞争力、品牌影响力、售后服务等方面。通过对竞争对手产品优劣势的比较，可以了解市场上的优势竞争对手和劣势，为设计团队制定竞争策略提供参考。

（3）市场定位分析

设计团队还需要对竞争对手产品的市场定位进行分析。这包括产品的目标用户群体、应用领域、销售渠道等方面。通过对市场定位的分析，可以了解竞争对手产品在市场上的定位和受众群体，为自己的产品定位提供参考。

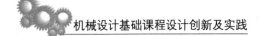

（4）借鉴竞争对手的经验和创新点子

设计团队还可以借鉴竞争对手的成功经验和创新点子。通过对竞争对手产品的分析，可以发现其成功之处和创新之处，为自己的产品设计提供启示和借鉴。例如可以分析竞争对手的产品设计理念、创新技术应用、营销策略等方面，从中获取灵感和经验。

通过以上市场调研和现状分析，设计团队可以全面了解市场需求和技术趋势，为后续的创意生成和概念设计提供基础支持。

（二）创意生成与筛选

1. 多元创意方法应用

在概念设计的创意生成阶段，运用多元的创意方法和工具对于激发团队成员的创造力和想象力至关重要。这些创意方法和工具的灵活运用能够促进多样化和创新性的创意产生，为突破性机械产品方案的设计提供丰富的思维资源和创意灵感。

一种常用的创意方法是头脑风暴。在头脑风暴会议中，团队成员可以自由发表任何想法，鼓励大胆提出各种可能的观点和解决方案。这种方法能够激发团队成员的创造力，促进问题的多角度思考和解决。另一种创意方法是逆向思维。逆向思维是一种将问题或挑战的解决方案逆向思考的方法，通过寻找相反的解决方案来产生创意。例如对于一个机械产品，可以考虑如何让它不再使用传统的能源，而是利用环境中的其他能源，如太阳能或风能。

关联法也是常用的创意方法之一。通过将不同领域、不同概念之间的关系进行联想和连接，可以产生新的观点和解决方案。例如将生物学的概念应用到机械产品设计中，可能会带来意想不到的创意灵感，推动创新的发展。除了以上提到的方法，还有许多其他创意方法和工具，如思维导图、身体活动、角色扮演等，都可以用于创意生成阶段。通过灵活运用这些多元的创意方法和工具，设计团队可以充分发挥团队成员的创造力和想象力，产生更多样化、更具创新性的创意，为突破性机械产品方案的设计提供丰富的思维资源和创意灵感。

2. 创意筛选与评估

随着创意的涌现，创意筛选与评估成为概念设计过程中的关键环节。在这一阶段，设计团队需要对各种创意进行系统性的评估，以找出最具潜力和可行性的方案，为后续的方案开发和实施提供坚实的基础。

第一，创意筛选的一个重要标准是市场需求的匹配度。这意味着创意方案是否与当前市场的需求和趋势相符合，是否能够满足消费者的需求并具有市场竞争力。通过市场调研和消费者反馈等手段，设计团队可以辨别出哪些创意方案更符合市场的实际需求，从而有针对性地进行进一步评估。

第二，技术可行性是创意筛选的另一个重要考量因素。设计团队需要评估创意方案在技术上的可行性和实施难度，包括所需的技术能力、资源投入以及可能遇到的技术挑战等方面。只有确保创意方案在技术上可行，才能保证后续的研发和生产顺利进行。

创新性是创意筛选的核心指标之一。设计团队需要评估创意方案是否具有独特性和创新性，是否能够突破现有的技术或思维局限，为市场带来新的价值和体验。具有较高创新性的方案往往更具吸引力，能够更好地脱颖而出，赢得市场和消费者的认可。

第三，竞争优势也是创意筛选的重要考量因素。设计团队需要评估创意方案相对于竞争对手的优势和差异化特点，是否能够在市场上占据有利地位并获得更多的市场份额。通过对竞争对手的分析和比较，设计团队可以更清晰地了解创意方案的优势所在，从而做出更明智的选择。

3. 团队协作与思维碰撞

在创意生成和筛选的过程中，设计团队需要保持密切的团队协作和思维碰撞。通过团队成员之间的交流和互动，可以相互启发、相互补充，共同挖掘出更具创新性和突破性的创意方案。

通过以上创意生成和筛选过程，设计团队可以找到最具有潜力的机械产品方案，为后续的概念设计和方案优化奠定基础。

（三）概念设计与方案优化

1. 概念设计阶段

概念设计阶段是概念设计过程中的一个重要阶段，它是将初步的创意转化为具体的设计方案的关键步骤。在这个阶段，设计团队需要充分考虑产品的功能、性能、外观等方面，以确保最终的产品方案能够满足用户的需求并具有市场竞争力。

第一，概念设计阶段需要将抽象的创意转化为可行的设计方案。设计团队需要结合市场调研和技术分析的结果，对初步的创意进行深入的挖掘和分析，找出其中的优势和不足，并加以改进和完善。通过头脑风暴、创意画廊等多种创意生成方法，设计团队可以产生更多样化、更具创新性的设计方案，为后续的产品开发奠定基础。

第二，概念设计阶段需要考虑产品的功能和性能。设计团队需要明确产品的核心功能和特点，并根据用户需求和市场趋势确定产品的性能指标。在这个过程中，设计团队可能会进行各种技术验证和实验，以确保产品的功能和性能达到预期的水平。例如对于一款智能家居产品，概念设计阶段可能需要考虑产品的智能控制功能、安全性能、节能性能等方面。

第三，概念设计阶段也需要重视产品的外观设计和用户体验。产品的外观设计是用户第一眼接触到产品时的直接感受，因此需要设计团队根据用户群体和市场定位确定产品的外观风格和设计元素。同时，设计团队还需要考虑产品的人机交互界面，确保产品的操作简单易懂、用户体验良好，提升产品的竞争力和市场占有率。

在概念设计阶段，CAD软件等工具的使用至关重要。CAD软件可以帮助设计团队将设计概念转化为具体的三维模型，绘制出产品的草图和原型，使得设计团队可以更直观地展现设计概念和构思。通过CAD软件的应用，设计团队可以不断优化和完善产品方案，提高产品的设计质量和效率，为产品的后续开发奠定坚实基础。

2. 方案优化与评估

方案优化与评估是概念设计阶段的重要环节，它是确保设计方案能够在实际应用中达到预期效果的关键步骤。在这一阶段，设计团队需要对初步的设计方案进行全面的优化和评估，以提高产品的性能、降低成本，并确保产品具有市场竞争力和可持续发展性。

第一，方案优化需要考虑产品功能的优化。设计团队需要根据市场需求和用户反馈，对产品的功能进行进一步的优化和扩展。例如一款家用电器产品，可以考虑增加更多的智能功能，提升用户体验。同时，还需要确保产品的功能设计合理，能够满足用户的核心需求，并具有一定的创新性和差异化。

第二，方案优化还需要考虑产品结构的优化。设计团队需要通过CAD软件等工具对产品的结构进行详细的设计和分析，优化产品的结构布局、零部件的布置等方面，以提高产品的稳定性、可靠性和安全性。同时，还需要考虑产品的维修性和可维护性，降低维修成本和维修时间。

第三，方案优化还需要考虑材料的选择和工艺的优化。设计团队需要根据产品的功能和性能要求，选择合适的材料，并结合先进的生产工艺，提高产品的质量和生产效率。例如采用新型的高强度材料和先进的加工工艺，提高产品的耐用性和性能表现。

第四，方案评估需要综合考虑多个因素，包括产品的制造成本、生产周期、市场竞争力等方面。设计团队需要通过成本分析、市场调研和竞争对手分析等方法，对设计方案进行全面的评估，找出其中的优势和不足，并采取相应的措施加以改进。

3. 模拟分析与验证

在现代工程设计中，仿真模拟技术已经成为不可或缺的工具，特别是在概念设计和方案优化阶段。通过仿真模拟软件，设计团队可以在计算机环境中对产品进行虚拟测试，从而评估其性能、分析其行为，并验证设计方案的有效性。以下是模拟分析与验证在概念设计中的重要性及应用示例：

第一，仿真模拟可以用于评估产品的结构强度。在设计阶段，通过建立产品的有限元模型，可以对产品的结构进行静态和动态分析，评估各部件的应力、应变分布情况，以及整体结构的稳定性和安全性。例如在汽车工程中，可以通过有限元分析评估车身结构在碰撞或受力情况下的承载能力，以确保车身的安全性和抗压性。

第二，仿真模拟也可以用于评估产品的运动学性能。在机械产品设计中，特别是涉及到机械运动的产品，如机器人、工业机械等，通过建立动力学模型，可以模拟产品的运动轨迹、速度、加速度等参数，评估产品在不同工况下的运动性能和稳定性。例如在机器人设计中，可以通过运动学仿真模拟机器人的运动轨迹和关节角度，以优化其运动性能和精度。

第三，仿真模拟还可以用于评估产品的流体力学特性。在涉及到流体流动的产品设计中，如飞机、汽车、管道等，通过建立流体动力学模型，可以模拟流体的流动速度、压力分布等参数，评估产品的气动性能或液体输送性能。例如在飞机设计中，可以通过计算流体动力学仿真模拟飞机的气动力和气动稳定性，以优化飞机的外形设计和气动性能。

4. 用户体验设计

同时，还需要考虑用户体验设计。产品的外观设计、人机交互界面的设计等方面都需要与用户的需求和习惯相匹配，提高产品的易用性和用户满意度。通过用户调研和反馈，不断优化产品设计，使产品更加符合市场需求和用户期待。

（四）技术验证与原型制作

1. 技术验证

技术验证是概念设计和方案优化之后的重要环节，它对产品的可行性和有效性进行了全面而系统的评估。这一阶段旨在通过实验、测试和分析，验证产品设计中所采用的关键技术的可靠性和稳定性，以及评估产品的性能、功能和质量。下面将深入探讨技术验证的意义、方法和实践过程，并通过相关实例加深分析其重要性。

第一，技术验证的意义在于确保产品设计的可行性和有效性。在产品设计阶段，设计团队通常会引入各种新技术和新材料，以实现产品的创新和突破。然而，这些新技术和新材料的可靠性和稳定性往往需要通过实验和测试进行验证，以确保产品的设计方案是可行的、有效的。例如在汽车工业中，新型发动机技术的引入需要经过严格的性能测试和可靠性验证，以确保其在实际应用中的稳定性和可靠性。

第二，技术验证有助于发现和解决潜在问题。在产品设计过程中，可能存在着各种技术难题和挑战，例如材料的耐久性、组件的匹配性、系统的稳定性等。通过技术验证，可以及早发现这些潜在问题，并通过调整和优化设计方案，及时解决问题，确保产品的质量和可靠性。例如在电子产品制造中，通过对电路板的仿真模拟和性能测试，可以发现电路布局不合理或电子元器件不兼容等问题，并及时调整设计方案，提高产品的稳定性和可靠性。

第三，技术验证还可以为产品的进一步开发提供依据。通过对产品性能、功能和质量的评估，可以为产品的生产制造、市场推广和用户体验提供重要参考。例如在医疗器械领域，新型医疗设备的技术验证结果可以为产品的注册申报和临床试验提供技术支持和依据，推动产品的商业化进程。

2. 原型制作

原型制作是概念设计和技术验证之后的重要环节，它是将设计理念转化为实际产品的关键步骤之一。通过原型制作，设计团队可以将抽象的概念具体化，制作出可视、可触及的实物模型，以更直观地展示产品的外观、结构和功能，发现并解决潜在的问题，为产品的进一步开发和市场推广做好准备。

第一，原型制作有助于直观展示产品的外观和功能。在概念设计阶段，设计团队通常会制作产品的三维模型和草图，但这些虚拟的设计图纸往往难以直观地展示产品的真实面貌。通过原型制作，可以将设计概念具体化为实物模型，让设计团队和利益相关者能够更直观地了解产品的外观设计、结构布局和功能特性。

第二，原型制作有助于发现和解决潜在的问题。在产品设计过程中，可能存在着各种技术难题和设计缺陷，这些问题可能在虚拟设计阶段并不容易被发现。通过制作实物原型，可以模拟产品的实际使用场景，发现并解决潜在的问题，提高产品的设计质量和稳定性。例如假设一个设计团队正在开发一款新型智能手环产品。在概念设计阶段，他们已经确定了产品的功能和外观设计，并进行了虚拟的三维建模。然而，在进行原型制作时，他们发现手环的外壳设计存在一些不合理之处，可能会影响用户佩戴的舒适度。通过对原型进行调整和优化，他们及时发现了这个问题，并进行了相应的设计修改，最终提高了产品的用户体验。

第三，原型制作为产品的量产和市场推广做好准备。在完成技术验证和产品优化后，制作出符合设计要求的原型，不仅可以为产品的量产提供参考，还可以用于市场宣传和用户体验测试。通过向潜在客户展示产品原型，收集用户反馈和意见，设计团队可以及早了解市场需求和用户偏好，为产品的最终推广提供重要依据。

3. 实验测试与反馈

在产品开发的过程中，实验测试和用户反馈是至关重要的环节，它们为设计团队提供了评估产品性能和市场接受度的关键数据，并为产品的改进和优化提供了重要指导。实验测试主要着眼于产品的技术性能和可行性，而用户反馈则关注于产品的实际应用和用户体验。在实验测试和用户反馈阶段，设计团队需要采取一系列系统性的方法和策略，以确保数据的准确性和有效性，同时也要注重数据的分析和应用，以实现产品的不断优化和完善。

第一，实验测试是验证产品性能和可行性的重要手段。在进行实验测试时，设计团队需要根据产品的特点和设计目标，制订详细的测试计划和指标。测试内容包括对产品的结构强度、功能性能、耐久性等方面进行全面评估。例如机械产品，可以进行负载试验、振动测试等，以验证产品在各种环境条件下的工作状态和稳定性。通过实验测试，可以及时发现产品存在的问题和不足之处，并为后续的改进和优化提供数据支持。

第二，用户反馈是了解市场需求和用户体验的重要途径。设计团队可以通过用户调研、问卷调查、用户体验测试等方式，收集用户对产品的意见和建议。用户反馈的内容涉及产品的易用性、功能性、外观设计等方面。例如邀请一些目标用户参与产品的试用，并记录他们在使用过程中的反应和体验。通过分析用户反馈数据，设计团队可以了解用户的需求和偏好，发现产品存在的问题和改进空间，并及时调整和优化产品设计。再如，假设设计团队开发了一款智能手环产品。在实验测试阶段，他们对产品的电池续航能力、传感器准确性等关键指标进行了测试和评估。同时，他们还将产品交给一些用户进行试用，并收集用户的使用体验和意见。通过实验测试和用户反馈，设计团队发现产品在数据准确性和用户界面设计方面存在一些问题，因此他们针对这些问题进行了调整和优化，最终提升了产品的性能和用户体验。

二、智能机械制造工艺的创新路径

随着时代和经济的发展，我国机械制造产业得到了飞速发展，机械制造工艺水平得到了显著提升，但也面临着一些问题和挑战。为了能够将机械制造工艺与智能技术相结合，机械制造领域必须不断创新。智能制造就是将计算机技术、网络信息技术、传感技术等各种现代科技手段与传统的机械制造相结合，实现机械制造工艺自动化与智能化，利用这些先进技术，对传统机械制造工艺进行改造，使其变得更加智能化。

（一）智能机械制造技术概述与应用现状

1. 智能机械制造技术概述

智能机械制造技术以计算机技术为基础，同时融合控制技术、信息技术、网络技术等，具有智能化的特点，是一项集计算机、电子、通信等多学科的综合性技术，具有很强的实用性和创新性。在智能机械制造过程中，不仅可以实现对产品质量的控制，还可以实现对机械产品生产效率的提升，使生产成本得到有效控制，提高企业的经济效益。另外，智能机械制造技术还能为企业提供更多的生产信息，及时监督和检测产品质量。

目前，智能机械制造技术已经逐步应用到社会生产中。如汽车制造业中应用了智能机械制造技术，不仅能减少人力成本和材料成本的支出，还能有效提升汽车制造的质量和效率；在建筑施工行业中也应用了智能机械制造技术，有效降低了施工成本和人力成本支出。

总体来说，智能机械制造技术具有两大特征：一是综合性。智能机械制造技术是一项综合性的技术，以计算机技术为基础，同时融合了多种学科的相关技术，对机械产品进行加工和设计。在实际工作过程中，计算机不仅可以对数据信息进行采集和处理，还可以对采集到的数据信息进行分析和判断，为后续生产工作提供更多的参考信息；二是开放性。智能机械制造技术主要是以互联网为基础。在实际的生产过程中，智能机械制造技术可以将很多数据信息存储到互联网上。智能机械制造技术对用户需求的响应速度比较快，可根据用户需求进行智能化定制和设计，用户可以通过智能机械制造技术了解和掌握自身的生产和发展情况，实现对产品质量、生产效率、生产成本等的有效控制。另外，用户还可以通过智能机械制造技术，优化和升级自身的生产。

2. 应用现状

目前，我国很多机械制造企业都开始应用智能机械制造技术，并在生产效率、产品质量等方面得到了明显提升。尽管智能机械制造技术有所应用，但在应用过程中，还存在较多问题。其中，最主要问题是企业的管理制度和模式不够完善，导致企业不能有效应用智能机械制造技术。另外，我国在智能机械制造技术的应用过程中，还存在设备落后、人才缺乏等问题，导致智能机械制造技术没有得到有效应用。为了解决这些问题，我国相关部门已经开始加强对智能机械制造技术的研究，制定了相关政策引导企业发展，这些都表明我国正在逐步加大对智能机械制造技术的研究和应用力度。

（二）智能机械制造工艺的创新路径

1. 柔性制造系统

柔性制造系统是一种能在一定程度上实现柔性生产的系统，在传统机械制造技术的基础上结合了计算机技术和人工智能技术，可以根据用户需求对生产过程进行自动调节和控制，实现用户对生产过程的要求。柔性制造系统具有两个优势：

其一，智能化。在传统的机械制造技术中，生产过程都是人工操作，很容易出现各种问题，影响产品质量。而智能机械制造技术则能够在计算机的辅助下对生产过程进行自动控制，因此，可实现自动化生产。

其二，柔性化。传统机械制造工艺往往是根据企业内部人员的需求，对机器设备进行选择和配置，而智能机械制造技术则可根据用户需求对生产过程进行自动调节和控制，保证产品质量。相比以往的智能化机械制造工艺，柔性制造系统可有效减少人为操作失误造成的影响。除此以外，该技术还具有更高的效率和准确性，可提高企业的生产效率和产品质量，且不会受外界环境因素的影响。同时，柔性制造系统还可被应用于不同类型的生产企业，并在实际应用过程中具有很强的适应性，且技术要求低、操作简单、维护方便。

2. 网络化生产系统

随着计算机网络技术的不断发展和成熟，网络已经成为社会发展中的一种重要资源，人们对网络的利用程度也越来越高。网络化生产系统主要是指在生产过程中通过互联网将企业内部及外部资源进行整合，实现生产信息的共享和资源共享，同时，也可将企业内部各部门之间的联系和协作更加紧密地结合起来。网络化生产系统具有三个特点：

一是智能管理，在进行企业管理时，通常都是按照企业的规章制度进行。但是，这种方法往往会带来很多弊端，而智能化管理则能有效解决这些问题，通过运用智能化技术对企业内部进行管理，可为企业带来更多效益。

二是自动化生产，传统机械制造工艺往往由人工操作，不利于产品质量和产量的提升，而自动化生产可有效提升产品质量。

三是网络化协作，传统机械制造工艺中的很多生产要素都是独立存在的，而智能机械制造技术则可对这些要素进行合理的配置和选择，从而降低生产成本，提高生产效率。

由此可见，智能机械制造技术具有非常广阔的发展前景，能有效解决传统机械制造工艺中存在的各种问题。因此，如何不断提升智能机械制造技术水平和产品质量，提高生产效率，减少环境污染等，已经成为当前社会发展中亟待解决的问题。

3. 远程诊断

智能机械制造技术虽然具有很多特点，但也存在生产成本较高、操作难度较大、发展不够成熟等问题。

（1）生产成本较高

智能机械制造技术的生产成本较高是一个不可忽视的挑战。这主要源于多方面因素的影响。首先，智能机械制造涉及的先进技术和工艺要求高品质的原材料，这增加了成本。其次，实施智能化生产需要投入大量的资金用于研究、开发和购置设备，这也是造成生产成本增加的重要原因之一。此外，智能机械制造技术可能需要更多的人力资源，例如高技能的工程师和技术人员的薪酬成本较高。因此，降低生产成本需要综合考虑材料成本、设备投入、人力成本等方面，同时通过技术创新和流程优化来提高生产效率和降低成本。

（2）操作难度较大

智能机械制造技术的复杂性使得操作难度较大成为一个挑战。与传统机械制造技术相比，智能机械制造涉及更多的先进技术和工艺，需要操作人员具备更高水平的技能和知识。例如程序控制的机械设备，操作人员需要熟练掌握相关编程语言和操作技巧。同时，智能机械制造往往需要更加严格的操作规程和操作流程，操作人员需要严格遵守操作规范以确保生产安全和产品质量。因此，提高操作人员的技能水平和培训是解决操作难度较大问题的关键，可以通过培训课程、实践操作和技能提升计划来提高操作人员的专业水平和技能。

（3）发展不够成熟

智能机械制造技术的发展尚未达到成熟阶段，这是另一个需要克服的挑战。尽管智能机械制造技术在一些领域取得了显著进展，但仍然存在许多问题和挑战。首先，智能机械制造技术在实际应用中还存在一些局限性，例如在复杂环境下的适应能力有限，需要进一步改进和优化。其次，在机械设备的设计阶段需要考虑的因素较多，需要综合考虑设计、制造、使用和维护等方面的要求。此外，智能机械制造技术的研究和开发需要投入大量的资金和人力资源，这也是制约其发展的一个重要因素。因此，加强科研力量、推动技术创新和加强产学研合作是推动智能机械制造技术发展的关键。

面对以上问题，远程诊断可提供有效帮助。远程诊断是智能机械制造技术中的一项重要内容，它通过计算机和网络将制造系统对被诊断对象的各种数据进行采集、传输和存储，以实现对生产过程的实时监控和监测，在出现问题时，通过远程控制及时对故障进行处理，保证生产活动的正常进行。

4. 绿色制造技术

虽然智能机械制造技术发展迅速，但依然存在环保方面的问题。智能机械制造技术虽然已经实现了自动化，但与传统机械制造工艺相比仍然存在一定差距。同时，智能机械制造技术在生产中需要消耗大量的能源和人力资源，增加了企业的生产成本。随着社会的发展，人们对环境保护越来越重视，智能机械制造技术也必须做到绿色化。在生产过程中，要充分利用各种绿色环保材料进行加工制造，在很大程度上降低对环境的污染程度，同时提高产品质量。另外，企业还可以根据自己生产的产品选择合适的绿色环保材料和绿色加工技术，进而减少对环境的污染。

5. 精细化管理

精细化管理是智能机械制造工艺中的重要组成部分，在智能机械制造工艺中应用时，精细化管理可有效提升整体制造过程的质量和效率，保证生产工作中的各项流程、操作都能达到预期标准。为了保证智能机械制造工艺的应用效果，需要对其进行有效管理，具体可从六个方面入手：

（1）应用人员选拔和培训

智能机械制造工艺的应用对应用人员提出了较高的要求，因此需要对应用人员进行严格的选拔和培训。选拔过程应该注重人员的技术水平、学习能力和工作

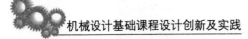

态度等方面，确保选出的人员具备适应智能机械制造工艺的能力。同时，通过系统的培训课程，提高应用人员对智能机械制造工艺的理解和掌握程度，使其能够熟练操作相关设备和工具，确保制造过程的顺利进行。

（2）监督管理和管理制度完善

在智能机械制造工艺的应用过程中，需要建立有效的监督管理机制，对生产过程进行全面监控和管理。同时，对相关管理制度进行完善和健全，确保企业内部各项工作有序进行。管理制度包括生产计划管理、质量管理、安全管理等方面，通过建立科学合理的管理制度，提高工作效率，保证生产过程的顺利进行。

（3）建立信息管理系统

建立完善的信息管理系统是实现精细化管理的关键之一。通过信息管理系统对生产过程中的各项数据进行收集、存储和分析，可以及时发现问题，提高生产过程的控制效率和质量。信息管理系统应具备数据采集、数据处理、数据分析和数据反馈等功能，为管理人员提供决策支持和数据参考。

（4）设备管理和控制

智能机械制造工艺应用涉及到大量的设备和工具，因此需要对这些设备进行有效的管理和控制。包括设备的定期检修、保养和维护，确保设备处于良好的工作状态。同时，建立设备使用规范和操作流程，加强设备的监控和控制，保证设备的正常运行，提高生产效率和质量。

（5）设备适应性和稳定性保障

在应用智能机械制造工艺时，需要确保所选用的设备具有较强的适应性和稳定性，能够适应不同的生产需求，并能与企业内部其他设备进行有效连接。通过对设备的选择和配置，确保其能够满足生产过程中的各项要求，保障生产工作的顺利进行。

（6）技术人员筛选和培训

对于智能机械制造工艺的应用，需要有一支具备较强专业素养和能力的技术人员队伍。因此，需要对相关技术人员进行严格筛选和培训，确保其具备足够的专业知识和技能，能够胜任智能机械制造工艺的应用工作。通过培训和学习，不断提升技术人员的水平和能力，为智能机械制造工艺的应用提供强有力的支持。

第八章 机械设计的优化和性能评估

第一节 机械设计的优化方法和技术

一、设计优化的基本原理与方法

（一）设计优化的基本原理

1. 确定优化目标

（1）提高产品性能

提高产品性能是设计优化的常见目标之一。这可能涉及到提高产品的功能性能、工作效率、可靠性或者降低能耗等方面。

（2）降低成本

降低产品成本是企业普遍关注的目标之一。设计优化可以通过调整设计参数或者优化制造流程等方式来降低产品的制造成本。

（3）减少资源消耗

减少资源消耗是面向可持续发展的设计优化目标之一。优化设计可以降低产品在生产、使用和废弃阶段的资源消耗，实现资源的合理利用和节约。

（4）优化结构

优化产品结构可以提高产品的性能和稳定性，减轻结构负荷，延长使用寿命，降低维护成本等。因此，优化结构也是设计优化的重要目标之一。

2. 建立数学模型

（1）线性模型

线性模型适用于一些简单的设计优化问题，可以通过线性方程或者线性规划模型描述设计参数之间的关系。

（2）非线性模型

非线性模型更适用于复杂的设计优化问题，其中设计参数之间存在非线性关

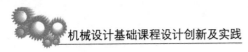

系。这种模型可以通过非线性方程组或者优化模型描述。

（3）动态模型

动态模型考虑了设计参数随时间变化的情况，适用于描述系统动态响应或者随时间演化的设计优化问题。

3. 选择优化算法

（1）梯度下降法

梯度下降法是一种常用的优化算法，通过沿着目标函数的梯度方向不断更新参数，以达到最优解或局部最优解。

（2）遗传算法

遗传算法是一种基于生物进化理论的优化算法，通过模拟自然选择、交叉和变异等过程来搜索最优解。

（3）模拟退火算法

模拟退火算法模拟了固体物体退火的过程，通过接受较差解的概率来跳出局部最优解，从而搜索到全局最优解。

（4）粒子群算法

粒子群算法模拟了鸟群或鱼群等生物集群的行为，通过个体间的信息交流和协作来搜索最优解。

4. 进行优化迭代

（1）参数更新

在优化迭代过程中，根据选定的优化算法，对设计参数进行更新和调整，以期望逐步接近最优解。

（2）收敛判断

在每一次迭代后，需要判断优化过程是否收敛。如果满足收敛条件，则停止迭代；否则继续迭代直至达到停止条件。

（3）最优解评估

当优化迭代结束时，需要对得到的最优解进行评估和验证，确保最终的优化结果符合设计要求和预期目标。

（二）设计优化的方法

1. 数学规划方法

（1）线性规划

线性规划是一种常用的数学规划方法，适用于目标函数和约束条件均为线性关系的优化问题。在设计优化中，线性规划常用于简单的优化问题，如成本最小化或收益最大化等。

（2）非线性规划

非线性规划适用于目标函数或者约束条件存在非线性关系的优化问题。在设计优化中，许多实际问题都具有非线性特性，因此非线性规划方法具有广泛的应用。

（3）整数规划

整数规划是一种特殊的规划方法，其中设计变量被限制为整数。在设计优化中，整数规划常用于需要整数解的问题，如资源分配、工艺规划等。

2. 启发式优化方法

（1）遗传算法

遗传算法是一种模拟生物进化过程的优化方法，通过模拟自然选择、交叉和变异等操作，从初始种群中搜索最优解。在设计优化中，遗传算法能够处理复杂的设计空间和多目标优化问题。

（2）粒子群算法

粒子群算法模拟了鸟群或鱼群等生物集群的行为，通过个体之间的信息共享和协作来搜索最优解。在设计优化中，粒子群算法具有较好的全局搜索能力和收敛速度。

（3）模拟退火算法

模拟退火算法模拟了固体物体退火的过程，通过接受较差解的概率来跳出局部最优解，从而搜索到全局最优解。在设计优化中，模拟退火算法能够有效地避免陷入局部最优解，并找到接近全局最优解的解。

3. 基于仿真的优化方法

（1）有限元优化

有限元优化将有限元分析技术与优化方法相结合，通过建立产品的有限元模型进行优化计算。它能够考虑结构的复杂性和多个约束条件，适用于结构优化、材料优化等问题。

（2）流体动力学优化

流体动力学优化将流体动力学模拟技术与优化方法相结合，通过建立产品的流体动力学模型进行优化计算。它能够考虑流体的复杂流动情况和多个设计参数，适用于飞行器、汽车等流体力学优化问题。

（3）多体动力学优化

多体动力学优化将多体动力学模拟技术与优化方法相结合，通过建立产品的多体动力学模型进行优化计算。它能够考虑多体系统的动态响应和多个设计参数，适用于机械系统、机器人等多体动力学优化问题。

二、基于优化算法的设计优化案例分析

（一）遗传算法在机械结构设计中的应用

1.遗传算法简介

遗传算法（Genetic Algorithm，GA）是一种启发式优化算法，受到达尔文的进化理论的启发，模拟了自然界的生物进化过程。它通过对候选解的群体进行进化、选择、交叉和变异等操作，从而在搜索空间中寻找最优解或接近最优解。在机械结构设计中，遗传算法被广泛应用于优化设计参数，以获得更优的结构性能。

2.遗传算法在机械结构设计中的应用

（1）设计参数编码

在机械结构设计中，设计参数通常包括材料、尺寸、形状等。这些参数需要被编码成染色体，以便遗传算法进行操作。常用的编码方式包括二进制编码、实数编码和排列编码等，根据具体问题的特点选择合适的编码方式。

（2）适应度函数设计

适应度函数是遗传算法评价候选解优劣的指标，通常反映了设计方案在满足性能要求方面的优劣程度。在机械结构设计中，适应度函数可以根据设计目标和约束条件来定义，如结构的强度、刚度、重量等性能指标。

（3）选择操作

选择操作是遗传算法中的关键步骤，它决定了哪些候选解能够通过遗传算法的操作被保留下来，进入下一代种群。在机械结构设计中，可以采用轮盘赌选择、锦标赛选择等方式进行选择，以保留优秀的设计方案。

（4）交叉操作

交叉操作是遗传算法中实现候选解信息交换的过程，通过交叉操作可以产生新的候选解。在机械结构设计中，交叉操作可以在两个父代个体之间随机选择一个交叉点，将两个父代个体的染色体片段互换，从而产生新的个体。

（5）变异操作

变异操作是遗传算法中引入新的个体多样性的方式，通过对个体染色体的部分位置进行随机变动，以增加搜索空间的广度。在机械结构设计中，变异操作可以对染色体中的特定位置进行随机变化，以产生新的设计方案。

（6）进化迭代

遗传算法通过不断地选择、交叉和变异操作，迭代更新种群，直至达到停止条件。在机械结构设计中，可以设置适当的迭代次数或收敛条件，以确保遗传算法能够收敛到满意的设计方案。

3. 应用案例分析

在工程设计中，轻量化是一项重要的目标，特别是在机械结构设计中，减轻结构的重量可以降低能耗、提高性能，并且降低生产成本。举例来说，假设需要设计一种轻量化的机械支架结构，以满足强度和刚度的要求。设计参数包括支架的几何尺寸和材料，目标是使支架的重量尽可能减小，同时满足强度和刚度的要求。通过遗传算法，对支架的几何参数进行优化，以获得最优的设计方案。

在这个案例中，遗传算法是一种有效的优化方法。首先，设计团队需要定义支架的几何参数，如长度、宽度、厚度等，以及支架的材料属性，如材料的密度、弹性模量等。这些参数将被编码成染色体表示。接下来，设计团队可以设计适应度函数，以评估每个设计方案的性能。适应度函数可以考虑支架的重量、强度和刚度等因素，并结合设计要求和约束条件，以量化地评估设计方案的优劣。

随后，设计团队可以利用遗传算法进行优化搜索。在遗传算法的每一代中，设计团队通过选择、交叉和变异等操作，从当前种群中生成新的解，并根据适应度函数对这些解进行评估。通过迭代优化过程，遗传算法可以搜索到满足设计要求的最优解，即支架的几何参数和材料选择。在优化过程中，设计团队可以根据具体情况调整遗传算法的参数，如种群大小、交叉概率、变异率等，以提高搜索效率和优化结果的质量。

最终，设计团队可以得到最优的支架设计方案。这个方案不仅满足了支架的强度和刚度要求，还实现了减轻重量的目标，从而提高了整个机械系统的效率和性能。通过这个案例，我们可以清楚地看到遗传算法在机械结构设计中的应用价值，为轻量化设计提供了一种有效的解决方案。

（二）粒子群算法在机械振动优化设计中的应用

1. 粒子群算法简介

粒子群算法（Particle Swarm Optimization，PSO）是一种启发式优化算法，模拟了鸟群或鱼群在搜索食物或迁徙过程中的行为。每个个体（粒子）通过跟随当前最优解和个体最优解的方向进行搜索，以找到全局最优解或接近最优解。在

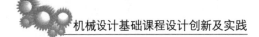

机械振动优化设计中，粒子群算法可以有效地优化结构的几何形状和材料分布，以降低结构的振动响应。

2. 粒子群算法在机械振动优化设计中的应用

（1）设计参数编码

在机械振动优化设计中，设计参数通常包括结构的几何形状和材料分布等。这些参数需要被编码成粒子的位置向量，以便粒子群算法进行操作。常见的编码方式包括实数编码和二进制编码，根据具体问题的特点选择合适的编码方式。

（2）适应度函数设计

适应度函数是粒子群算法评价候选解优劣的指标，通常反映了设计方案在振动响应方面的优劣程度。在机械振动优化设计中，适应度函数可以根据振动响应的目标和约束条件来定义，如最小化结构的振动频率、最大化结构的阻尼比等。

（3）粒子更新规则

粒子群算法通过更新粒子的位置和速度来实现搜索最优解的过程。在机械振动优化设计中，粒子的位置表示设计参数的值，粒子的速度表示设计参数的变化速率。通过跟随当前最优解和个体最优解的方向进行更新，粒子逐渐向最优解位置靠拢。

（4）群体协作机制

粒子群算法中的群体协作机制是指粒子之间通过交换信息来增加搜索效率的过程。在机械振动优化设计中，粒子之间可以通过分享当前的最优解和个体最优解，以加速全局最优解的搜索过程。

（5）粒子群算法参数设置

粒子群算法中的参数设置对算法的性能和收敛速度具有重要影响。在机械振动优化设计中，需要合理设置粒子群大小、惯性权重、学习因子等参数，以平衡全局搜索和局部搜索之间的权衡，确保算法能够快速收敛到满意的设计方案。

3. 应用案例分析

举例来说，假设需要设计一种振动台架结构，以降低振动台架在受到外部刺激时的振动响应。设计参数包括台架的几何形状和材料分布，目标是使台架的振动频率尽可能降低，同时保持结构的强度和刚度。通过粒子群算法，对台架的设计参数进行优化，以获得最优的设计方案。

（三）模拟退火算法在机械零件优化设计中的应用

1. 模拟退火算法简介

模拟退火算法（Simulated Annealing， SA）是一种启发式优化算法，模拟了固体退火过程中的原子结构变化规律。通过接受较差解的概率性机制，避免了陷入局部最优解的困境，从而在搜索过程中实现全局最优解的发现。在机械零件优化设计中，模拟退火算法被广泛应用于优化零件的形状、结构和材料分布，以满足特定的性能指标和设计要求。

2. 模拟退火算法在机械零件优化设计中的应用

（1）设计参数编码与初始化

在机械零件优化设计中，设计参数通常包括零件的几何形状、尺寸和材料分布等。这些参数需要被编码成状态向量，并进行初始化。例如可以将零件的几何形状参数编码成一组实数向量，用于描述零件的长度、宽度、厚度等；将材料分布参数编码成二进制向量，表示材料在不同位置的分布情况。

（2）适应度函数设计

适应度函数是评价候选解优劣的指标，反映了零件在设计参数下的性能表现。在机械零件优化设计中，适应度函数可以根据设计要求和性能指标来定义。例如可以将适应度函数定义为零件的重量、强度、刚度等性能指标的加权和，以综合评价零件的优劣程度。

（3）退火过程

模拟退火算法通过温度参数控制搜索过程的随机性和收敛性。在搜索开始阶段，温度较高，接受较差解的概率较大，有助于跳出局部最优解；随着搜索的进行，温度逐渐降低，接受较差解的概率逐渐减小，使算法朝着全局最优解方向收敛。通过不断降低温度、迭代搜索过程，模拟退火算法能够有效地搜索到较好的优化解。

（4）邻域搜索

在模拟退火算法的每一次迭代过程中，通过邻域搜索操作对当前解进行改进。邻域搜索操作可以是对设计参数进行微小的扰动或变化，以生成新的候选解。通过评估新解的适应度，并根据 Metropolis 准则确定是否接受新解，模拟退火算法实现了对解空间的有效探索。

3. 应用案例分析

在工程设计中，轻量化是一项重要的目标，尤其是在机械系统中，减轻零件的重量不仅可以降低系统的整体负荷，还能够提高系统的效率和性能。举例来说，假设需要设计一种轻量化的机械零件，以降低整个机械系统的重量和能耗。模拟退火算法对零件的形状和材料分布进行优化，使得零件在满足强度和刚度要求的前提下，尽可能减轻重量。

模拟退火算法的应用在这一过程中是至关重要的。首先，设计团队可以将零件的设计参数编码成状态向量，并初始化优化过程。然后，他们可以设计适应度函数，以综合评价零件在不同参数下的性能表现，包括重量、强度、刚度等指标。接下来，通过模拟退火算法的退火过程，设计团队可以在全局搜索空间中寻找最优解。在搜索过程中，温度参数的逐渐降低使得算法能够逐步收敛到最优解附近，同时接受较差解的概率逐渐减小，避免了陷入局部最优解的风险。最后，通过邻域搜索操作对当前解进行改进，设计团队可以不断优化零件的设计方案，直至满足设计要求为止。

在这个案例中，模拟退火算法为设计团队提供了一种有效的优化手段，帮助他们实现了轻量化设计的目标。通过合适的适应度函数和退火参数设置，设计团队最终可以获得满足设计要求的最优设计方案。这一方案不仅满足了机械零件的性能要求，还实现了减轻重量的目标，从而提高了整个机械系统的效率和性能。这个案例清晰地展示了模拟退火算法在机械零件优化设计中的应用价值，为轻量化设计提供了一种有效的解决方案。

三、现代机械设计的创新对策

（一）强化技术创新

在实现机械设计的创新过程中，需要从多个方面进行投入和努力。

第一，资金支持是实现技术创新的基础。企业需要投入足够的资金用于研发和创新活动，包括设备更新、技术人员培训、研究项目资助等。例如某机械设计企业在研发新一代智能机器人时，投入大量资金用于开发新的传感器技术和智能控制系统，从而实现了产品的智能化和自动化。

第二，建设综合素质过硬的研发队伍至关重要。研发团队应该由具有丰富经验和专业知识的工程师和科研人员组成，他们应该具备良好的团队合作精神和创新意识，能够攻克机械设计中的难点和重点问题。例如一家汽车零部件制造企业通过招聘具有汽车工程背景和专业知识的工程师，并组建了专门的研发团队，成功开发出了一款轻量化的新型汽车零部件，大大提高了汽车的燃油效率。

第三，企业还应该注重技术创新的政策支持和市场调研工作。政府可以出台相关政策，为企业提供技术创新的税收优惠、财政补贴等支持措施，鼓励企业加大研发投入和技术创新力度。同时，企业也需要通过市场调研，了解市场需求和趋势，及时调整技术创新方向，确保技术创新与市场需求相匹配。例如，一家工程机械制造企业通过市场调研，发现市场对环保节能型工程机械需求增加，因此加大了对环保节能技术的研发投入，并成功开发出了一款低能耗、高效率的新型工程机械产品，获得了市场的认可和好评。

第四，现代机械设计需要广泛推行人工智能（AI）技术，将信息化、模拟化、数字化技术渗透至设计中。通过应用AI技术，实现机械产品的智能化控制和自动化生产，提高生产效率和产品质量。例如一家制造企业引入了人工智能技术，利用大数据分析和机器学习算法对生产过程进行优化和预测，实现了生产计划的智能调度和生产效率的提升。

（二）合理选择材料

第一，材料选择应遵循"人与自然和谐共处"的原则。这意味着在考虑材料的机械性能、成本和可加工性的同时，也要重视其对环境的影响。例如在汽车制造中，由于汽车废弃后的处理对环境造成的影响较大，因此选择可回收再利用的材料，如铝合金和高强度钢材，成为一种趋势。

第二，材料选择需要充分考虑材料与机械产品性能的关系。不同材料具有不同的特性，如强度、硬度、耐磨性等，因此在选择材料时，需要根据产品的具体要求进行综合考虑。例如在航空航天领域，为了满足飞行器的轻量化和高强度要求，通常选择碳纤维复合材料作为结构材料，以提高飞行器的飞行性能和安全性。

第三，对于现代机械产品，还需要针对性能、寿命等进行细化分析。不同的应用场景和工作环境对机械产品的要求也不同，因此在材料选择上需要考虑产品的使用环境和工作条件。例如用于海洋工程的机械设备，需要选择耐腐蚀、抗海水侵蚀的特殊材料，以保证设备的长期稳定运行。

第四，合理选择材料还需要在质量和成本之间进行平衡。优质的材料通常具有较高的性能和稳定性，但成本也相对较高。因此，在选择材料时需要综合考虑产品的性能要求和生产成本，以实现性价比的最优化。例如在消费电子产品生产中，常常采用工程塑料代替金属材料，既能满足产品的性能要求，又能降低生产成本，提高竞争力。

（三）创新加工路线

为了让现代机械设计朝着良性方向发展，还需要创新加工路线，避免加工路线的选择不当对现代机械设计造成不利影响，鼓励机械设计人员主动创新，融入新的技术、想法、资源等，对原有的加工工艺、加工路线进行改进、发展，提升机械设计的加工精度。同时，引入自动化技术，合理调整自动化工艺系统的参数，增设自动化检验技术、自动化监督管理技术等，对整个加工环节进行科学管控。在促进机械设计制造可持续发展的进程中，操作技术人员的专业素质提高显得尤为重要。在进行员工培训时，要根据企业需求和社会需求进行针对性的培训，提高企业技术人员的综合水平素质，使其能对社会上出现的各种新技术、新设备熟练地掌握与操作。此外，企业需对员工提供较多的外出学习机会，多与其他相关企业进行生产交流，交换生产经验，不断提高自身能力水平，发挥出自己的最大价值。

（四）加强机床养护

加强机床养护是保障机械加工设备正常运行和零件加工精度的重要举措。通过对现代机械设计制造加工流程的分析，可以看出机械加工设备的状态直接影响着零件的精度和加工质量。因此，在机械制造过程中，必须重视设备的养护工作，以确保设备处于良好的工作状态，从而提高产品的质量和生产效率。

第一，需要明确影响加工精度的各类潜在因素。这些因素包括设备的锈蚀、间隙、磨损等问题，都可能导致设备性能下降和加工精度降低。因此，养护工作应该重点关注这些潜在问题，及时发现并解决。

第二，要分析好养护的立足点。养护工作不仅仅是简单的设备清洁和润滑，还需要根据设备的具体情况，制订合理的养护计划和方案。这些方案应该针对设备的特点和工作环境，有针对性地进行调整和优化，以提升养护效率和降低养护成本。在具体的设计环节，需要避免零部件脱落、锈蚀、破损等问题的出现。这可以通过选择合适的材料和工艺，加强零部件的加工和装配质量，从而减少设备的故障率和维修次数，提高设备的稳定性和可靠性。

第三，还需要控制好结构间隙的合理性，满足加工精度的要求。结构间隙过大会导致设备的稳定性和精度下降，因此在设计和制造过程中应该严格控制结构间隙的尺寸和公差，确保设备的稳定性和精度。如果发现设备出现严重的破坏，应该及时更换零部件。及时更换损坏的零部件可以有效防止故障的扩大和加剧，保障设备的正常运行和零件加工的精度。在采购新设备前，也要重视检验环节，保证生产设备满足出厂标准要求。同时，还需要确保相关技术人员掌握最新的养护和使用方法，通过培训和学习，提高技术人员的专业水平，最大限度地延长设备的使用寿命。例如一家机械加工企业在生产中发现，由于长期忽视设备的养护工作，导致机床主轴出现了严重的磨损和锈蚀问题，严重影响了加工质量和生产效率。为了解决这一问题，企业对设备进行了全面的维修和保养，定期更换润滑油和润滑脂，加强设备的清洁和保护工作，有效地提高了设备的工作效率和加工精度，降低了生产成本和设备维护费用。

（五）融入人本内容

人性化属于机械产品设计的一项高级阶段，对于设计人员提出了新的要求，所谓人性化，就是要求在设计环节融入人的因素，根据人的心理特点、生理结构、思维方式、行为习惯，让设计出的产品在满足机械安全性、功能性基础上，达成美学、工程学、生态学之间的完美统一。人性化的机械设计要求以人为本，不再是传统的以物为本，这样，设计出的机械产品即可满足各类型消费者的身心需求。人性化的设计让机械的使用和操作变得更加舒适、简单，任何机械要发挥出作用，都需要人的参与，如飞机离不开飞行员、汽车离不开驾驶员，因此，在设计时，不仅要考虑到功能性，还要考虑是不是容易操作，对操作者个人能力、反应速度的要求如何。在科技水平的发展下，消费者不再是单一追求产品的单一功能，设计人员需在关注产品功能性的基础上，考虑到方便性和舒适性，这也是未来机械设计行业发展的必然趋势。

（六）走体系化道路

为了提升机械产品的使用效率，走体系化道路是一个必然之路。所谓体系，即关联事物按照特定方法和规律形成的整体，对于机械设计的体系化，就是对整个体系进行优化，使之更加合理、规则。机械设计是一项系统化的工程，需充分考虑机械产品的形状、色彩、外观、功能、比例、尺寸等，以实现机械产品与环境、操作人员之间的结合。当前，机械设计水平成为衡量一个国家科技发展水平的依据之一，直接表现了一个国家的创新能力如何，在我国工业化的推进下，已经成为"世界工厂"，也是国际上具有代表性的机械生产、制造大国，但是，机械设计的发展速度一直较为缓慢。在机械设计中，整机系统起着关键作用，现代化的机械设计需做到高效、科学，不能是单一的零件设计，而是多个零件的综合化发展，还可以整机为重点对零件进行扩展。机械设计会朝着设计与加工的一体化方向发展，现代化的机械设计与传统机械设计相比，已经有了明显差异，在传统的机械设计中，设计、加工之间是独立的，在两个不同的时空中进行，如今，已经可借助机电一体化与数控技术促进产品设计、加工、生产的衔接，实现机械设计的系统化发展。

（七）融入美学元素

在现代化科技的发展下，人类精神文明、物质文明达到了新高度，机械产品的设计不仅要关注功能合理性和外在质量的统一，还要满足新时期的审美需求。对于设计人员而言，需加强造型技法的学习，在实际设计中，要关注统一与变化，让机械产品呈现出动感。同时，要讲求对称与均衡，对称性会为机械产品带来和谐、理性之美，在设计时，采用对称形式，能够将机械产品的内在功能性、外在形式美结合。同时，关注到设计中的节奏与韵律，节奏与韵律的变化可以让机械产品更具美感，如利用凸起、凹陷、纹饰、孔洞等节律变化，为机械产品赋予了动感，可形成一种韵律美。作为设计师，要主动锻炼自身的逆向思维与发散思维。在逆向思维上，就是主动求异，让思维能够朝着反向发展，树立新的方向，在考虑问题时，如果利用逆向思维，往往可打破常规，创设出具有创新力的机械产品。机械设计师还要主动自身发散思维的锻炼，从固定坐标出发，思考可能存在的新途径，在多种方向中寻找问题答案，从多角度分析问题，拓展设计之路。

第二节　机械设计中常用的性能评估指标

一、常用性能评估指标介绍与应用

（一）强度与刚度

1.强度

强度是材料或结构在受到外部载荷作用时抵抗破坏或塑性变形的能力。在机械设计中，强度评估是确保产品或结构在使用过程中不会发生失效或破坏的关键步骤之一。以下是强度评估的一些关键考量因素：

（1）材料强度参数：机械材料的强度参数包括抗拉强度、抗压强度、抗弯强度等。这些参数反映了材料在不同加载方式下的抗力能力，是评估材料强度的重要指标。

（2）载荷分析：对机械系统或结构受到的各种载荷进行分析和计算，包括静载荷、动态载荷、冲击载荷等。通过载荷分析，可以确定材料或结构所需的强度水平。

（3）安全系数：设计中通常会引入安全系数来考虑不确定因素和突发载荷，确保设计的强度水平在实际使用条件下仍然具有充足的安全性。

（4）材料选择：根据设计要求和使用环境选择合适的材料，确保材料的强度参数满足设计需求。不同材料具有不同的强度特性，需要根据具体情况进行选择。

2. 刚度

刚度是材料或结构在受力作用下的变形程度或变形抵抗能力。在机械设计中，刚度评估是确保产品在受力时保持稳定形状和结构的重要考量因素。以下是刚度评估的关键内容：

（1）弹性模量：弹性模量是材料在受力时表现出的刚度特性的量化指标，反映了材料对外部力的抵抗能力。通常情况下，弹性模量越高，材料的刚度越大。

（2）刚度系数：刚度系数描述了材料或结构在单位载荷下的变形量，是评估刚度水平的重要参数。较高的刚度系数意味着材料或结构具有更高的刚度。

（3）形变分析：通过有限元分析等工具对材料或结构的形变进行分析和计算，以评估其在受力时的变形程度和稳定性。形变分析可以帮助设计师优化结构形式和材料选择，以提高产品的刚度水平。

（4）结构设计：在设计过程中采取合适的结构设计措施，如增加加强筋、优化梁柱结构等，以提高产品的整体刚度和稳定性。

（二）运动学性能

1. 速度

速度是机械系统中物体在单位时间内所移动的距离，通常以米每秒（m/s）或其他适当的单位表示。在机械设计中，速度评估是评估机械系统运动状态和工作效率的重要指标之一。例如在设计汽车或机器人时，了解其运动速度可以帮助设计师确定其适用范围和性能特点，以便满足用户需求和设计要求。

2. 加速度

加速度是机械系统速度变化的速率，通常表示物体的速度随时间的变化率，常以米每秒平方（m/s²）或其他适当的单位表示。在机械设计中，加速度评估是为了确定机械系统的响应速度和稳定性。例如在设计电梯或自动门时，需要考虑加速度以确保操作平稳、安全。

3. 位移

位移是机械系统中物体位置随时间变化的量，通常表示物体在空间中的移动轨迹。位移可以是线性的，也可以是旋转的，取决于机械系统的特性。在机械设计中，位移评估可以帮助设计师了解机械系统的运动路径和位置变化规律。例如在设计工业机器人或 CNC 机床时，需要准确控制工具或工件的位移，以确保加

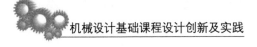

工精度和效率。

4. 应用

运动学性能评估在机械系统设计中具有重要意义。通过对速度、加速度和位移等参数的评估，设计师可以全面了解机械系统的运动特性和工作状态。这些评估结果可以为设计提供重要的参考依据，帮助设计师优化机械系统的结构和控制，以满足设计要求和优化目标。了解机械系统的运动特性和工作状态，为设计提供重要参考依据，以满足设计要求和优化目标。

（三）动力学性能

1. 振动

振动是指机械系统在受到外部激励或内部力作用下产生的周期性运动。振动的评估是为了了解机械系统的振动特性和稳定性。在设计过程中，需要考虑振动对机械系统性能和寿命的影响，以便采取适当的控制措施。例如在设计桥梁或建筑结构时，需要评估振动对结构安全性的影响，以确保结构的稳定性和耐久性。

2. 冲击

冲击是指机械系统在瞬间受到突发力作用时产生的瞬时变形或运动。冲击评估是为了确定机械系统在受到外部冲击时的响应能力和稳定性。在设计过程中，需要考虑冲击对机械部件和结构的影响，以确保其能够承受外部环境的冲击而不发生失效或损坏。例如在设计汽车或飞机的车身结构时，需要考虑到车辆在碰撞或起飞降落时的冲击载荷，以确保车身结构的安全性和稳定性。

3. 动态响应特性

动态响应特性是指机械系统在受力作用下的动态响应行为，包括振动频率、振幅、相位等参数。动态响应特性评估是为了了解机械系统的动态性能和响应规律。在设计过程中，需要通过仿真分析或实验测试来评估机械系统的动态响应特性，以便优化设计和调整参数。例如在设计悬架系统或机器人运动控制系统时，需要考虑系统的动态响应特性，以确保系统具有良好的控制性能和运动稳定性。

4. 应用

动力学性能评估对于机械系统的设计和优化至关重要。通过对振动、冲击和动态响应特性等参数的评估，可以全面了解机械系统在受力作用下的响应行为，为设计提供重要参考，以确保机械系统在工作条件下具有良好的动态性能和稳定性。

（四）耐久性与可靠性

1. 耐久性

机械系统的耐久性是指在长期使用和重复加载的情况下，系统能够保持其性能和功能不变的能力。耐久性评估通常包括零部件的寿命、疲劳强度等参数。例如汽车发动机的设计，需要考虑发动机零件的寿命和疲劳强度，以确保发动机在长期运行过程中不会出现故障和损坏。

2. 可靠性

机械系统的可靠性是指系统在特定工作条件下不会发生故障或失效的概率。可靠性评估通常包括系统的故障率、失效概率等参数。例如飞机发动机的设计，需要考虑发动机在极端工作条件下的可靠性，以确保飞机的飞行安全性和稳定性。

3. 应用

耐久性和可靠性评估是机械设计中至关重要的性能指标之一。通过对零部件的寿命、疲劳强度和系统的故障率、失效概率等参数的评估，可以全面了解机械系统在长期使用过程中的性能表现和可靠性水平，为设计提供重要参考，以确保机械系统具有足够的耐久性和可靠性。

（五）能效与环保性

1. 能效

能效是指机械系统在实现特定功能时所消耗的能量与所提供的能量之比。能效评估可以通过对机械系统的能源利用效率和能源消耗水平进行分析来实现。在机械设计中，提高能效是为了降低能源消耗、减少资源浪费，同时提高系统的经济性和可持续性。例如通过优化传动系统、减少能量损耗和改进系统控制策略等方式来提高机械系统的能效，从而达到节能减排的目的。

2. 环保性

环保性是指机械系统对环境的影响和排放情况。环保性评估涉及对系统在使用过程中产生的废气、废水、废渣等污染物的排放情况进行评估。在机械设计中，提高系统的环保性是为了减少对环境的污染、保护生态环境，实现可持续发展。例如通过采用清洁能源、减少有害物质的排放、改进生产工艺等方式来提高机械系统的环保性，从而降低对环境的负面影响，实现绿色制造。

3. 应用

能效和环保性评估在机械设计中具有重要的应用价值。通过对机械系统的能效和环保性进行评估，可以为设计提供重要的参考依据，指导设计师在设计过程中采取合适的措施来降低能源消耗、减少污染物排放，实现节能减排和环境保护的目标。同时，提高机械系统的能效和环保性也能够提升系统的竞争力，满足市场和客户对绿色产品的需求，推动可持续发展。

二、指标选择与权衡考虑

在机械设计中，选择适当的性能评估指标并进行权衡考虑是确保设计方案优化的关键步骤之一。这涉及到对机械系统的设计要求、工作条件和使用环境等因素进行全面综合分析，以及对各项指标之间的相互影响和平衡进行深入思考。

1. 综合考虑设计要求与工作条件

第一，设计团队需要明确机械系统的设计目标。例如设计目标是开发一种轻量化的汽车车身结构，那么在选择性能评估指标时，需要特别关注强度与刚度，以确保车身结构在碰撞等意外情况下能够提供足够的保护，同时保持结构轻量化。因此，强度和刚度可能成为首要考虑的指标之一。

第二，设计团队需要分析机械系统的工作环境。以飞机机翼设计为例，飞机机翼需要在高速飞行和各种气候条件下稳定工作。在这种情况下，除了强度和刚度外，还需要考虑机翼的气动性能、耐久性等指标。因此，针对不同的工作环境，可能需要选择不同的性能评估指标，以确保机械系统能够在各种条件下稳定运行。以桥梁设计为例，如果设计一座长跨度的桥梁，设计目标可能是提高结构的承载能力和耐久性。在这种情况下，强度和耐久性成为首要考虑的指标。然而，如果设计的是一座短跨度的步行桥，可能更关注设计的美观性和使用寿命。因此，针对不同的桥梁设计项目，需要根据具体情况灵活选择评估指标。

2. 权衡不同性能指标之间的关系

在机械系统设计中，不同性能指标之间存在着复杂的相互影响和权衡关系。在确定性能评估指标时，设计团队需要综合考虑这些因素，以确保设计方案能够在各个方面达到最优的平衡点。例如考虑到机械系统的强度和刚度，这两个指标是确保系统能够承受外部载荷并保持形状稳定的关键参数。然而，在追求强度和刚度的同时，可能会增加材料的成本和重量，从而影响到机械系统的能效和环保性能。因此，设计团队需要在强度和刚度与能效和环保性能之间进行权衡和平衡考虑。

为了找到合适的平衡点，设计团队可以采取多种策略。例如他们可以通过优化材料的选择和结构设计，以提高强度和刚度，同时尽量减少材料的使用量，从而降低成本和重量，提高能效。另外，他们还可以采用节能环保的工艺和技术，以减少机械系统的能耗和对环境的影响，实现强度和刚度与能效和环保性能的双赢。

3. 根据实际情况进行灵活取舍

在机械系统设计中，灵活取舍是一个非常关键的方面。不同的设计项目可能存在着各种不同的挑战和限制，因此在选择性能评估指标时，设计团队需要根据实际情况进行灵活的调整和取舍，以确保设计方案能够在特定条件下达到最优的性能水平。例如考虑到一种需要在恶劣环境条件下工作的机械系统，比如用于海底油气开采的设备。在这种情况下，强度和耐久性可能是最重要的性能指标之一，因为设备需要能够承受海水的腐蚀、高压环境和长时间的使用。在这种情况下，设计团队可能会优先考虑强度和耐久性，并在这两个指标上进行重点优化，而对于其他性能指标如能效和环保性能可能会相对次要。再如，考虑到一种需要快速响应和高精度控制的机械系统，比如用于半导体制造的机械臂。在这种情况下，运动学性能和动力学性能可能是首要考虑的指标，因为系统需要能够快速、准确地执行各种运动任务。在这种情况下，设计团队可能会将重点放在运动学性能和动力学性能的优化上，而对于其他指标如强度和耐久性可能会相对次要。

第三节　机械设计效率与性能的提升

一、设计流程优化

（一）流程规范化

设计团队应建立标准的设计流程和规范，以确保每个设计阶段的任务清晰、流程顺畅。这包括以下方面：

1. 阶段划分与任务明确

设计流程的阶段划分和任务明确是确保设计团队顺利进行工作的基础。在设计项目的不同阶段，设计团队需要完成各种不同的任务，并达到特定的目标。例如在需求分析阶段，设计团队需要收集用户需求、市场需求等信息，并明确产品功能和性能要求；在概念设计阶段，设计团队需要提出不同的设计方案，并对每个方案进行评估和比较，最终确定最优方案。

任务的明确性对于设计团队的工作效率和质量具有重要影响。明确的任务可以帮助团队成员明确工作重点和方向，避免工作偏离轨道或重复劳动。此外，明确的任务也有助于团队成员之间的协作和沟通，减少误解和冲突。

2.文档化管理

文档化管理是设计流程规范化的重要组成部分。在设计过程中，团队需要产生大量的设计文档，如需求文档、设计方案文档、设计报告等。这些文档记录了设计过程中的重要信息和决策，对于后续的设计工作和项目管理具有重要作用。

建立完善的文档管理体系可以确保设计过程中产生的文档得到及时的记录和归档。这样可以方便团队成员之间的信息共享和沟通，并为后续的设计工作提供参考依据。此外，文档化管理还可以提高设计团队的工作效率，减少因信息丢失或不完整而造成的工作延误。

3.质量控制与审核机制

质量控制和审核机制是设计流程规范化的关键环节。设计团队应建立起严格的质量控制和审核机制，对设计过程中产生的设计成果进行评审和审核。通过定期的设计评审会议或专家评审，可以发现和纠正设计中的问题和错误，确保设计质量和准确性。

质量控制和审核机制的建立有助于提高设计团队的专业水平和工作质量。通过不断地对设计成果进行评审和审核，可以及时发现和解决设计中的问题，避免问题扩大化和影响到整个项目的进展。此外，质量控制和审核机制还可以促进团队成员之间的学习和交流，提高团队整体的设计水平和能力。

（二）信息化工具应用

利用 CAD、CAE 等信息化工具，实现设计过程的数字化和自动化，以提高设计效率和质量。具体包括：

1.CAD 软件应用

CAD（计算机辅助设计）软件在现代机械设计领域中扮演着至关重要的角色。其强大的三维建模和设计功能不仅可以提高设计效率，还可以优化设计流程，降低成本，并提高产品质量。下面将详细探讨 CAD 软件在产品设计中的应用以及其带来的益处。

第一，CAD 软件提供了多种强大的建模工具和功能，使设计师能够快速而准确地创建三维模型。例如通过 CAD 软件的参数化建模功能，设计师可以轻松地调整零件的尺寸、形状和位置，快速生成多个设计方案并进行比较分析。这种灵活的建模方式极大地提高了设计的灵活性和效率，帮助设计团队快速响应不同的设计需求和变化。

第二，CAD 软件具有强大的可视化功能，可以帮助设计师直观地展现设计思路和概念。通过 CAD 软件创建的三维模型可以实时预览和交互，设计师可以更直观地了解产品的外观、结构和功能，发现和解决潜在的设计问题。这种直观的设计方式有助于提高设计的准确性和质量，减少后续的修改和调整。

第三，CAD 软件还支持与其他工程软件的集成，如 CAE（计算机辅助工程）软件和 CAM（计算机辅助制造）软件。通过与这些软件的集成，设计团队可以实现设计、分析和制造的无缝连接，实现全流程数字化设计。例如设计师可以使用 CAD 软件创建的三维模型进行结构分析、流体仿真等工作，快速评估设计的性能和可行性，提前发现和解决设计中的问题。

第四，CAD 软件还支持自动化和定制化功能，可以根据具体的设计需求和工作流程进行定制。例如设计团队可以编写脚本和宏，实现常用操作的自动化，提高设计效率。此外，CAD 软件还支持插件和扩展程序的集成，可以根据需要扩展软件的功能和应用范围，满足不同行业和领域的设计需求。

2.CAE 仿真分析

CAE（计算机辅助工程）仿真分析在现代机械设计和工程领域中具有重要的作用，能够帮助工程师在设计初期就评估产品的性能、可靠性和安全性，从而减少试验和修改成本，提高产品的质量和竞争力。

第一，CAE 仿真分析在结构方面的应用十分广泛。通过有限元分析（FEA）等技术，工程师可以对机械结构在不同载荷条件下的应力、应变、变形等进行精确的计算和预测。例如在汽车工程中，可以利用 CAE 软件对车身结构进行强度分析，评估车身在碰撞、颠簸等情况下的变形和损伤情况，从而优化车身设计，提高车辆的安全性和稳定性。

第二，CAE仿真分析在流体方面的应用也十分重要。通过计算流体力学（CFD）仿真，工程师可以模拟流体在管道、涡轮机械、风机等设备中的流动、压力分布、速度分布等情况，从而评估设备的性能和效率。例如在风力发电行业中，可以利用 CAE 软件对风力发电机的叶轮进行流体仿真，优化叶轮的设计，提高风力发电机的发电效率。

第三，CAE 仿真分析在热传方面的应用也得到了广泛的应用。通过热传分析，工程师可以评估机械设备在不同工作条件下的温度分布、热应力分布等情况，从而确定合适的散热方案和材料选型。例如在电子产品设计中，可以利用 CAE 软件对电路板的散热性能进行仿真分析，优化散热结构，提高电子产品的稳定性和可靠性。

3.PLM 系统管理

产品生命周期管理（PLM）系统在现代工程设计和制造中扮演着至关重要的角色。它是一种集成的信息管理系统，旨在统一管理产品的设计、开发、制造、销售和服务等全生命周期的数据和流程。

第一，PLM 系统管理能够实现设计数据和文档的统一管理和协同。通过 PLM 系统，设计团队可以将所有设计数据、文档和相关信息集中存储在一个统一的平台上，包括 CAD 模型、工程图纸、设计规范、技术文档等。这样可以避免数据的分散存储和管理，减少信息孤岛的出现，提高团队成员之间的协作效率。例如汽车制造商利用 PLM 系统管理车辆设计和制造过程中的所有数据和文档，包括车身设计、零部件制造、装配工艺等，实现了全面的信息共享和协同工作。

第二，PLM 系统管理有助于优化设计流程和提高设计效率。通过 PLM 系统，设计团队可以建立标准的设计流程和工作流程，规范设计过程中的任务分配、审批流程和版本控制。这样可以确保每个设计阶段的任务清晰、流程顺畅，避免冗余步骤和错误，提高设计效率和质量。例如航空航天行业利用 PLM 系统管理飞机设计和制造过程中的所有流程和任务，实现了设计流程的标准化和优化，缩短了产品的开发周期和上市时间。

第三，PLM 系统管理还可以提供全生命周期的数据追踪和管理。通过 PLM 系统，设计团队可以实时跟踪和管理产品在设计、制造、销售和服务等各个阶段的数据和状态，包括设计变更、工艺改进、客户反馈等。这样可以帮助企业更好地了解产品的整个生命周期，及时发现和解决问题，提高产品的质量和客户满意度。例如电子产品制造商利用 PLM 系统跟踪产品在市场上的使用情况和客户反馈，及时调整产品设计和改进方案，提高产品的竞争力和市场占有率。

（三）团队协作与沟通

建立高效的团队协作机制和沟通渠道，确保设计团队成员之间的信息流畅和交流顺畅，以提高设计效率和协作质量。具体措施包括：

1. 团队会议和讨论

团队会议和讨论在工程设计团队中扮演着至关重要的角色，它是团队成员之间交流、协作和解决问题的关键平台。通过定期组织团队会议和讨论，可以促进团队成员之间的信息共享、沟通和理解，提高团队的整体效率和协作水平。

第一，团队会议和讨论有助于及时解决设计中的问题。在设计过程中，可能会出现各种技术、工艺和材料等方面的问题，需要及时进行讨论和解决。通过团队会议，设计团队可以集思广益，共同探讨问题的原因和解决方案，找到最佳的解决方案并及时实施。例如在汽车设计团队中，可能会出现零部件设计不合理或工艺流程存在问题等情况，通过组织团队会议和讨论，可以及时发现问题并进行调整和改进，确保产品质量和工程进度。

第二，团队会议和讨论有助于协调各个设计阶段的工作。在设计过程中，不同阶段的工作可能存在依赖关系和交叉影响，需要进行有效的协调和整合。通过团队会议，设计团队可以对各个设计阶段的工作进行全面审视和协调，及时发现和解决阶段之间的问题和矛盾，确保设计工作的顺利进行。例如在建筑设计团队中，可能会存在结构设计、机电设计和装饰设计等不同阶段的工作需要协调和整合，通过组织团队会议和讨论，可以促进各个设计团队之间的合作和协调，确保设计方案的一致性和完整性。

第三，团队会议和讨论还有助于促进团队成员之间的交流和合作。在团队会议上，设计团队成员可以分享彼此的经验和见解，共同探讨设计问题和挑战，增进相互之间的理解和信任。通过积极参与团队会议和讨论，团队成员可以更好地了解团队的工作目标和任务，增强团队凝聚力和归属感，提高团队的整体绩效和成果。例如在软件开发团队中，团队成员通过定期组织代码审查会议和技术讨论会，可以共同解决软件开发过程中的技术难题和代码质量问题，提高软件产品的质量和稳定性。

2. 沟通工具和平台

沟通工具和平台在现代工程设计团队中扮演着至关重要的角色，它们为团队成员提供了便捷的沟通渠道，促进了信息的快速传递和共享。通过使用电子邮件、即时通讯工具、在线会议等沟通工具和平台，设计团队可以实现及时沟通、协作和决策，从而提高团队的整体效率和设计质量。

第一，电子邮件作为一种传统的沟通工具，仍然在工程设计团队中发挥着重要作用。团队成员可以通过电子邮件发送和接收设计文档、报告、意见反馈等信息，实现异地和异时的沟通和协作。例如在跨国工程设计项目中，团队成员分布在不同的地理位置，通过电子邮件可以方便地进行跨地域的沟通和协作，加快设计进度，提高项目效率。

第二，即时通讯工具如微信、Slack 等也成了设计团队沟通的重要方式。通过即时通讯工具，团队成员可以实时交流信息、讨论问题、解决疑惑，实现快速的沟通和反馈。这种实时性的沟通方式有助于减少信息传递的延迟，提高团队的响应速度和决策效率。例如在紧急情况下，团队成员可以通过即时通讯工具迅速协调应对措施，及时解决问题，保障项目的顺利进行。

第三，在线会议平台如 Zoom、Microsoft Teams 等为设计团队提供了远程会议和协作的便捷方式。通过在线会议平台，团队成员可以实现远程参会、屏幕共享、文档演示等功能，实现远程会议和协作。这种方式不仅节省了时间和成本，还能够有效地解决地域分布、时间差异等问题，促进了团队成员之间的交流和合作。例如在全球范围内的设计团队可以通过在线会议平台召开跨时区的会议，共同讨论项目进展和解决方案，加强团队的协作和沟通。

3.跨部门协作

跨部门协作在现代企业中扮演着至关重要的角色，特别是在产品设计和开发阶段，跨部门之间的紧密合作更是至关重要。通过建立有效的跨部门协作机制，不仅可以促进信息的流通和共享，还可以加速项目的推进，提高产品的质量和市场竞争力。

第一，跨部门协作可以促进全方位的需求分析和整合。不同部门往往代表着企业不同的利益和职能，各自拥有独特的视角和需求。通过跨部门协作，设计团队可以充分了解到来自生产、采购、销售等部门的各种需求和期望，从而在设计过程中考虑到各个方面的因素，确保设计方案的全面性和可实施性。例如设计团队与生产部门密切合作，可以及早了解到生产工艺的要求和限制，从而在设计阶段就进行相应的考虑和调整，避免后期的不必要修改和延误。

第二，跨部门协作有助于加强团队之间的沟通和协调。在跨部门协作的过程中，不同部门之间需要频繁地进行信息交流和沟通，共同商讨解决方案和制订实施计划。通过这种沟通和协调，可以及时发现和解决问题，避免信息不畅导致的误解和偏差，确保项目的顺利进行。例如在产品设计阶段，设计团队需要与销售部门密切合作，了解市场需求和竞争对手情况，以便及时调整产品设计方案，满足市场需求。

第三，跨部门协作还有助于促进团队之间的共同目标和责任感。在跨部门协作的过程中，各个部门的利益和目标是相互关联的，需要共同合作才能实现整体目标。通过共同合作，团队成员可以增强团队精神和责任感，共同为项目的成功和企业的发展努力。例如设计团队与采购部门合作，共同研究和评估供应商的选择和配送方案，以确保原材料的及时供应和成本控制，从而提高产品的竞争力和盈利能力。

二、知识管理与技术积累

（一）知识管理平台

建立设计知识库和经验总结平台是提高设计团队效率和质量的重要手段。以下是具体的措施：

1. 设计知识库建设

在设计团队内部建立起设计知识库，将各类设计资料、技术文档、标准规范等信息进行整理、分类和归档。这个知识库不仅包括设计理论和方法，还应包括历史项目的设计经验、解决方案等内容。

2. 经验总结平台

设立经验总结平台，鼓励团队成员将项目实践中的经验教训、技术难点和解决方案进行记录和分享。这样可以避免重复犯错，加快问题解决的速度，并为团队成员的成长提供支持。

3. 系统化管理与更新

确保知识库和经验总结平台的内容得到及时更新和管理。定期对知识库进行审核和更新，保证其中的信息准确、完整，并根据团队的实际需求进行扩充和完善。

（二）技术培训与学习

持续的技术培训和学习是保持设计团队竞争力的重要途径。以下是具体的做法：

1. 定期培训计划

制订定期的技术培训计划，涵盖设计工具、软件使用、设计理论和方法等方面。培训内容可以根据团队成员的需要和项目需求进行调整和安排。

2. 外部资源整合

利用外部培训资源，邀请行业专家或机构开展专题讲座、研讨会等形式的培训活动。这样可以引入新的设计理念和技术，拓展团队成员的视野和知识面。

3. 内部交流与分享

组织内部技术交流会议和经验分享活动，鼓励团队成员之间相互学习和交流。通过内部交流与分享，可以加深对设计问题的理解，促进团队成员之间的共同成长。

（三）经验积累与案例分析

定期进行项目经验总结和案例分析，是提高设计团队能力和水平的有效途径。

以下是具体的做法：

1. 项目经验总结

项目经验总结是项目管理中至关重要的环节，它不仅可以帮助团队成员总结经验，还可以促进团队的持续改进和提升。在每个项目结束后，及时组织经验总结会议，并形成总结报告，对项目过程中的成功经验和教训进行回顾和提炼，具有重要的意义和价值。

第一，项目经验总结有助于总结成功经验。通过回顾项目过程中取得的成就和成功经验，团队可以找到成功的关键因素和有效的工作方法，为今后的项目提供宝贵的借鉴和参考。例如在某个产品设计项目中，团队成功应用了新的设计方法和工具，极大地提高了设计效率和质量，这样的成功经验可以在以后的项目中被借鉴和推广。

第二，项目经验总结有助于吸取教训和避免重复犯错。在项目总结会议上，团队成员可以诚实地讨论项目过程中遇到的困难、挑战和错误，并寻找解决问题的方法和对策。通过总结教训，可以帮助团队避免在类似情况下重蹈覆辙，减少不必要的损失和浪费。例如在某个项目中因为沟通不畅导致工期延误，那么团队可以总结出改进沟通机制和加强信息共享的经验教训，以避免类似问题在以后的项目中再次发生。

第三，项目经验总结还有助于促进团队的持续改进和提升。通过总结项目经验，团队可以发现工作中存在的不足和改进空间，提出针对性的改进措施和建议，进一步提高团队的工作效率和质量水平。例如团队可以在总结报告中提出改进项目管理流程、加强团队培训和技能提升等方面的建议，以推动团队的持续发展和进步。

2. 案例分析与讨论

定期组织案例分析会议是设计团队提升设计水平和解决问题能力的有效途径之一。在这样的会议中，团队成员可以选择设计中的典型案例进行深入分析和讨论，从中汲取经验教训，促进团队成员的成长和发展。

案例分析的一个重要目的是发现设计中的问题和改进空间。通过对案例的深入分析，团队成员可以发现设计中存在的缺陷、不足或错误，并探讨可能的改进方法和解决方案。假设某个设计项目在制造阶段出现了质量问题，团队可以通过案例分析会议找出导致质量问题的根源，例如设计缺陷、材料选择不当等，并提出相应的改进措施，以避免类似问题在未来的设计中再次发生。

此外，案例分析还可以培养团队成员的设计思维和解决问题的能力。通过深

入分析案例，团队成员可以学习到不同的设计方法、技巧和经验，拓展自己的设计视野，提升解决问题的能力。例如团队可以选择一个成功的设计案例进行分析，探讨设计师是如何克服各种挑战，实现设计目标的，从中学习到设计思路和方法，并将其运用到自己的设计实践中。

在案例分析会议中，团队成员之间还可以展开开放性的讨论，分享彼此的看法和经验，促进思想碰撞和交流。这种交流与分享可以激发团队成员的创造力和创新意识，推动团队的不断进步和提升。例如团队成员可以就案例中的不同设计方案进行讨论，探讨各自的优缺点，并共同寻求最佳的解决方案。

3. 规范化总结

规范化总结项目经验和案例分析是设计团队持续改进和提高设计效率与质量的重要步骤之一。通过将项目经验和案例分析结果规范化总结，团队可以形成设计流程、方法和规范，这些成果将成为团队的宝贵资产，为未来的设计工作提供指导和借鉴。

第一，规范化总结项目经验可以帮助团队发现设计过程中的优点和不足。在项目结束后，团队可以召开经验总结会议，回顾项目的整个设计过程，分析设计中的成功经验和教训。通过收集和总结项目经验，团队可以发现设计中的常见问题、解决方案和最佳实践，形成经验教训的库存。例如在总结一个产品设计项目时，团队可以记录下每个设计阶段的关键问题、解决方案和经验教训，以备将来参考。

第二，规范化总结案例分析结果可以促进团队成员的学习和成长。团队可以定期组织案例分析会议，选取设计中的典型案例进行深入分析和讨论。通过对案例的分析，团队成员可以学习到不同的设计思路、方法和技巧，拓展自己的设计视野。同时，团队可以将案例分析结果进行规范化总结，形成案例库，供团队成员参考和学习。例如团队可以将案例分析结果以文档的形式保存，包括案例描述、问题分析、解决方案和总结评价，以便将来参考和借鉴。

第三，将项目经验总结和案例分析结果规范化总结成设计流程、方法和规范，有助于提高团队的设计效率和质量。通过对项目经验和案例分析结果的总结，团队可以形成通用的设计流程和方法，规范设计工作的执行。同时，团队可以将重要的经验教训和案例分析成果纳入设计规范中，作为设计工作的指导原则和标准操作。例如团队可以制定标准的设计流程图和操作指南，明确每个设计阶段的任务和要求，以提高团队的整体设计水平和一致性。

参考文献

[1] 李宏. 计算机辅助设计课程在线教学效果评价体系构建与应用 [J]. 计算机时代, 2022（11）：144-148.

[2] 任兴贵. 计算机辅助机械产品概念设计研究综述 [J]. 科学技术创新, 2020（10）：70-71.

[3] 李春明, 尹晓丽, 贠平利, 等. 某机械曲柄滑块机构的动力学及相关问题研究 [J]. 德州学院学报, 2019, 35（6）：40-46.

[4] 李春明, 刘庆, 刘晓, 等. 游梁式抽油机的机构动力学及储能块研究 [J]. 西安石油大学学报（自然科学版）, 2021, 36（1）：98-104.

[5] 李春明, 尹晓丽, 刘庆. 弃杆组概念的运动学矢量方程拼图解法 [J]. 甘肃科学学报, 2020, 32（5）：6-9, 16.

[6] 孙凤, 李春明, 崔运静, 等. 机械零件结构的创新方法体系研究 [J]. 机械设计与制造工程, 2021, 50（2）：123-126.

[7] 李春明. 摩擦力分类及压杆失效的新概念 [J]. 制造业自动化, 2015, 37（23）：85-86, 91.

[8] 李春明. 海洋平台安全钻井的振动干预控制方案研究 [J]. 机械研究与应用, 2015, 28（5）：192-194.

[9] 刘强. 机械设计制造技术的发展现状以及工业设计与机械设计制造技术的关系 [J]. 化学工程与装备, 2016（12）.235-236.

[10] 刘慧茹. 现代机械设计理论与方法最新进展 [J]. 中国新技术新产品, 2015（8）.40-40.

[11] 柳景亮. 现代机械设计理论与方法最新进展 [J]. 河北农机, 2015, （7）.53-54.

[12] 郭长城. 现代机械设计理论与方法最新进展 [J]. 电子制作, 2014, （7）.265-266.

[13] 宋志强. 轻工机械设计创新的新思维和新方法探讨 [J]. 新型工业化, 2021, 11（7）：161-162.

[14] 韩磊.机械结构设计中的创新与优化分析 [J].集成电路应用,2022,39(3):134-135.

[15] 徐宁.机械结构设计的创新与优化分析 [J].造纸装备及材料,2021,50(4):15-17.

[16] 唐伟.创新设计在机械结构设计中的应用 [J].南方农机,2019,50(22):15+26.

[17] 许晓琳.机械结构设计中的创新与优化探究 [J].设备管理与维修,2019(12):174-176.

[18] 王冠明.机械制造工艺与设备加工要点思考 [J].中国金属通报,2021(4):72-73.

[19] 杨成.机械制造与机械设备加工工艺要点分析 [J].造纸装备及材料,2021,50(04):18-20.

[20] 王新甲,张燕.机械制造工艺与机械设备加工工艺要点 [J].南方农机,2021,52(06):126-127.

[21] 张春翊.机械制造工艺与机械设备加工工艺分析 [J].南方农机,2021,52(02):108-109.

[22] 易祥云,董晓博,李佳珂.机械制造工艺与机械设备加工工艺分析 [J].南方农机,2020,51(24):81-82.